任性出版

α世代，這群小朋友決定我們的未來

凡事問 AI、追劇不怕劇透、
看遊戲不看電視，拍照不露臉……
理解他們，就能知道我們的將來。

新消費をつくるα世代

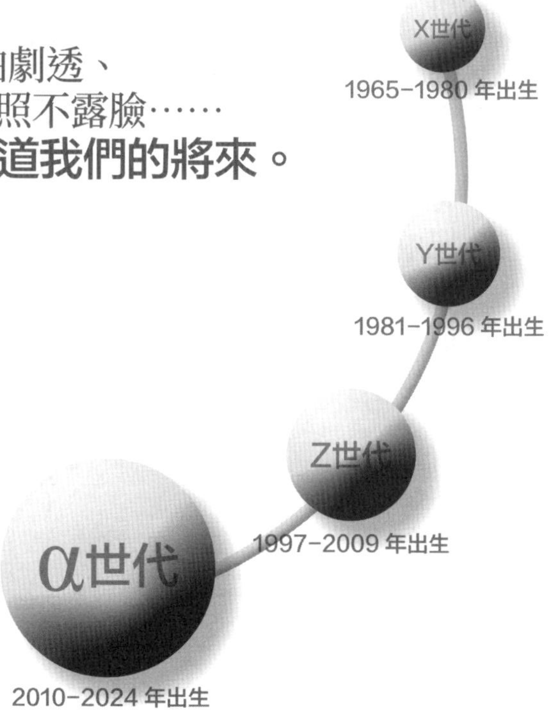

品牌策略與世代研究專家
日本產業能率大學經營學系教授
小々馬 敦——著
林佑純——譯

CONTENTS

第三章 我們不一樣，我們都很棒——125

第四章

理解他們，就能理解下一個社會——181

推薦序一

了解α世代重要嗎？他們是我們的未來

威煦軟體開發公司總經理、臺灣B2B業務行銷專家／吳育宏

我有一個「α世代」（二〇一〇年至二〇二四年出生）的兒子。

曾經，我和許多家長一樣，試著用我們這個世代所理解和信仰的價值觀，去教育、塑造他。例如，我成長於資源並不充裕的年代，經過父母和我們這一代的努力，才改善了經濟條件，所以，我一度以為他對物質條件的追求，和我小時候一樣。

直到我發現手機、電子產品早就是校園裡的標準配備，披薩和漢堡也不再稀奇，我才意識到：「改善物質條件」可能不是他們這個世代主要的動機來源。

若是我固守在舊世代的同溫層裡，大可數落他們身在福中不知福，再搬出臺灣一

九八〇年代各種經濟起飛的勵志故事，逼著孩子坐在沙發上聽完我的老生常談。但是，我慢慢發覺，這麼做只是逃避：逃避理解與我這一輩截然不同的新世代。

相較於我們在物質匱乏的生活中努力改善經濟，α世代的挑戰反而是在選擇過多的環境中尋找自我定位。如果我用「我以前多苦」的方式說教，只是把焦點放在比較，而非理解，反而會使父子間的距離越來越遠。於是我試著**用更多提問取代說教，讓自己少一點權威、多一點好奇**，這才一步步接近他的內心世界。

從家庭客廳，到產業、社會，乃至於國家發展，**了解α世代重要嗎？當然重要，因為他們是我們的未來**。然而，了解他們容易嗎？一點也不！在這個快速變化的時代，經常可以看見假裝傾聽的大人，教育或管理一群他們並不了解的對象，這是何等諷刺、危險的事情。

本書透過大量的跨世代訪談、生活型態調查與數據，分析α世代為何面臨挑戰，以及該如何理解與應對，進而將這些挑戰化為未來的機會，深入淺出且精闢的解析α世代。

作者引用ＡＩ、元宇宙、ChatGPT等實際案例說明，讓人有接地氣、身歷其境之感，彷彿像是和作者小々馬敦教授，坐在客廳或教室內對談。我認為，本書不僅適合α世代的父母，更是所有行銷人員、管理者不可多得的溝通指南。

讓我們一起深入α世代的內心世界，陪伴他們尋找屬於自己的定位和答案，並讓他們帶領我們走向下一個時代。

推薦序二

這是最好的時代，也是最壞的時代

《信誼好好育兒》Podcast節目主持人／碧安朵

身為幼兒教育研究者，同時也是一名母親，我在教學與日常育兒的每一刻，都觀察著α世代孩子的變化與挑戰。

這群孩子從小就接觸豐富的數位科技，並與AI共同成長，他們可以輕易的接觸世界、拓展邊界，且擁有多元的教育資源。然而，α世代也面臨數位成癮、網路暴力，以及童年時期因疫情而被隔離等問題。在互動與人際連結方面，則經歷巨大的空窗期。

α世代作為未來社會的主角，他們將在二〇三〇年後陸續成年，逐漸成為社會

的主心骨。身為家長或教育者的我們不免憂心，這樣的世代將如何引領社會？

不過，我們可以透過觀察現狀，看見未來的輪廓。因此作者相信，未來樣貌將在年輕世代的生活中浮現，藉由觀察和調查，描繪 α 世代可能的未來。

在閱讀本書前，我很難想像作者以行銷研究為主軸，要如何描繪 α 世代？甚至思索，這本書會不會只適合從業人員閱讀？

然而，當我讀到書中指出未來家庭的兩種組合：團塊 Jr. 世代家長（一九七一年至一九八〇年出生）與Z世代孩子（一九九七年至二〇〇九年出生）、Y世代家長（一九八一年至一九九六年出生）與 α 世代孩子。而 α 世代受家長的影響，表現出獨有的世代個性，不禁讓我眼前一亮。

而我正好是七年級生（一九八一年至一九九〇年生，即Y世代），女兒則出生於二〇一六年。我的孩子不僅是 α 世代，幼兒時期也經歷疫情，讓我更想從書中了解，我們如何影響並形塑孩子？在作者的調查與研究中，α 世代又表現出何種特質？

作者將長年的觀察與研究結果匯集於書中，讀完本書後，我對 α 世代的憂心與疑問，都獲得安慰與解答。

我最有感觸的是，書中指出Y世代家長多為雙薪家庭，所以更願意將金錢投入於養育孩子，因此α世代從小參加各式各樣的才藝課程與活動；Y世代家長也更尊重孩子的想法，不會強迫學習，而是幫助孩子找到自己的興趣或長處，這都影響著α世代的價值觀。

同時，由於數位裝置早已融入生活，α世代不僅具備較高的科技素養，也對AI展現極高的接受度。由於他們能夠快速的獲取資訊，所以α世代總是迫不及待想知道問題的答案，不願花太多時間自行搜尋。

我發現，**作者的研究結果完全符合我與孩子的經歷，真實的呈現出α世代如何面對世界，也反映出他們如何思考、學習與表達**，這也是為何本書值得我們關注。

「這是最好的時代，也是最壞的時代。」

《α世代，這群小朋友決定我們的未來》一書，雖然並不從傳統教育理論出發，但對臺灣家長而言，本書擁有高度的參考價值與啟發性，為我們理解α世代的行為、價值觀與媒介使用習慣開了一扇窗，同時也提供教育轉型、親子關係等值得反思的視角。

序章

這群小朋友決定我們的未來

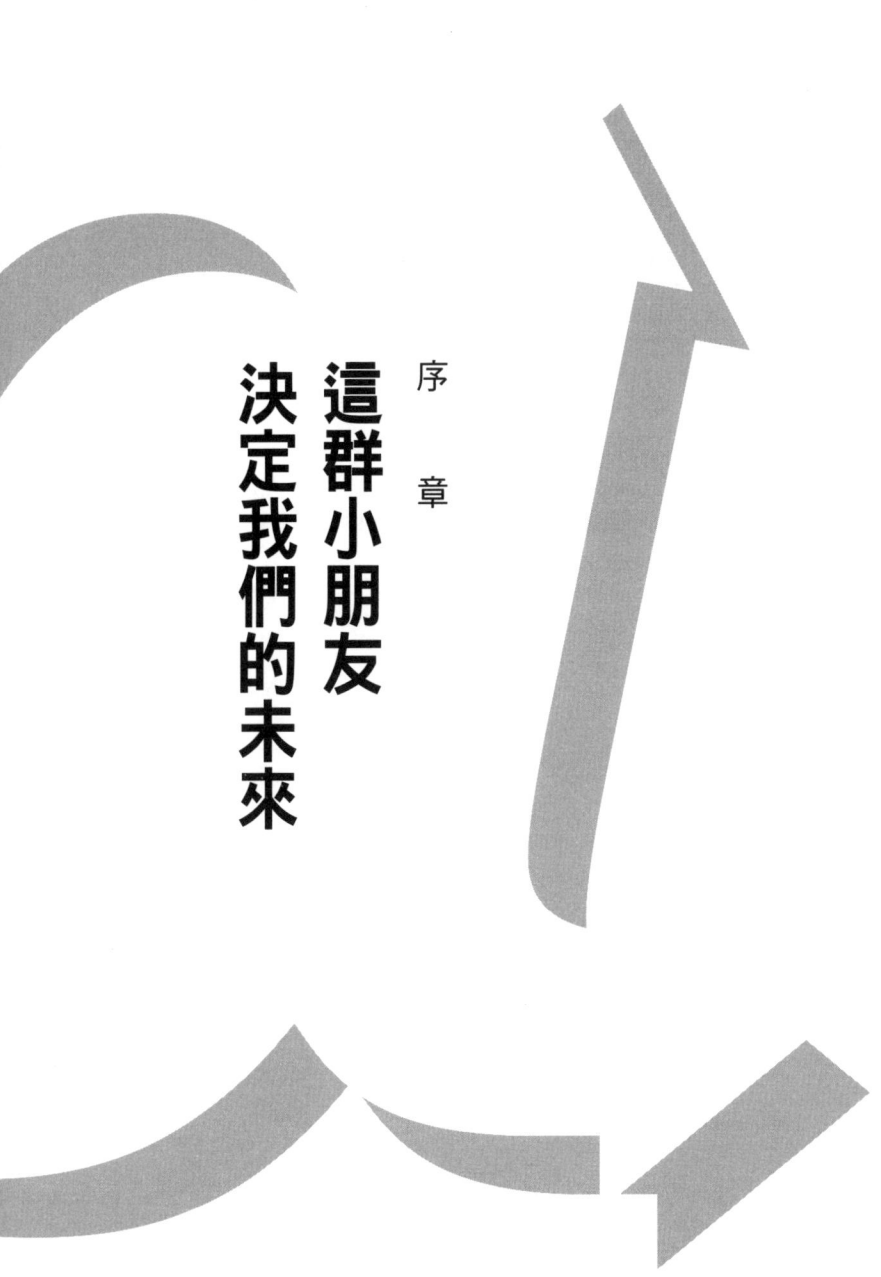

二〇二五年，日本Y世代和Z世代合計將達到勞動人口的一半以上[1]。基於這項事實，我在日本產業能率大學的小々馬研究室，以「洞察更美好的未來社會樣貌，並探討經營與行銷應有的進化模式」為主題，聚焦於年輕世代的價值觀與行為變化，進行研究和調查。

所謂的勞動人口，指負責勞動生產與消費，同時也是推動國家市場經濟活力的核心年齡層，也就是十五歲至六十四歲。勞動人口也是衡量國家市場規模的重要指標，掌握該人口的數量及結構的變化，有助於洞察該國未來社會變遷的走向。

日本的勞動人口在二戰後一直不斷增加。一九九五年，泡沫經濟[2]破滅之後，勞動人口一度達到八千七百一十六萬人，占總人口的七成。但自那一年達到顛峰之後，勞動人口便開始逐年減少。這個趨勢與日本經濟失落的三十年[3]重疊，從中可

1 據臺灣國家發展委員會人口推估查詢系統，二〇二五年Y世代與Z世代將占勞動人口的五三%。
2 日本經濟高速發展的時期，一般指一九八五年至一九九五年期間。
3 指一九九〇年代泡沫經濟破滅後，以及二〇〇〇年代與二〇一〇年代經濟持續不景氣的時期。

以觀察到，隨著少子化與高齡化影響，勞動人口減少對市場經濟帶來了巨大的負面影響。

根據日本總務省[4]的人口統計，二〇二三年的勞動人口約為七千四百萬人，比顛峰時期減少了約一千三百萬人，占總人口的比例也降至六成[5]。這意味著**勞動與消費主力約有一成從市場中消失**，因此其負面影響可謂相當嚴重。

年輕人變少，卻是未來社會的核心

我們的研究室在十年前，也就是二〇一四年，就已開始研究與年輕人有關的主題。當時針對年輕人的研究普遍不受重視，尋找研究夥伴的過程也相當艱辛。因為當時企業行銷的主要對象，是有存款且購買意願較高的銀髮族。

「年輕人不願意花錢，加上年輕人口未來也會持續減少，因此市場規模小，沒什麼吸引力。」企業之所以這樣想，是出自對未來少子高齡化社會的強烈印象，也就是六十五歲以上的老年人將持續增加，而十四歲以下的人口則大幅減少。在通貨緊縮[6]

經濟下，企業若要維持不斷成長，眼前的銷售額是最大重點，集中資源在容易達成這個目標的銀髮族，就理所當然成為企業的優先考量。

然而，到了二〇一八年左右，風向逐漸改變。隨著「想了解年輕人的需求與行為特徵」的諮詢增多，我們被邀請參加企業研討會和培訓課程的機會，以及產學合作研究的需求也迅速增加。同一時期，Z世代陸續成年，他們開始被更明確視為消費者和顧客，這也使年輕人的隱性消費需求逐漸獲得重視。

隨著時間推移，「Z世代」成為行銷界的關鍵字。例如：如何開發出Z世代消費者喜愛的產品？如何找到打動Z世代的行銷宣傳模式？同時，以他們為市場目標的行銷手法，以及相關的書籍和文章也越來越多。另一方面，隨著我們深入了解這群消費者，我們也更常聽到企業對於推動Z世代行銷的幻滅及感慨：「若要滿足他們極為多

4 日本中央省廳之一，類似臺灣的內政部。
5 據臺灣內政部統計，二〇二四年勞動人口約一千六百萬人，比顛峰時期減少約一百二十萬人。
6 物價水準、貨幣供應量和經濟增長率三者同時持續下降。

元的價值觀，就會相對縮小市場規模，導致業務版圖難以拓展。」這也是許多企業的一大隱憂。

正處於自我成長期的年輕世代，會消費的商品類別其實不多。這些類別大致包括流行時尚、美容、飲食、旅遊、娛樂等，主要和他們與好友間的互動有關。**只要涉及交際、交通等「交流」相關活動，年輕人就會消費**，但除了這些類別以外的行業，如果將年輕人設定為目標客群，收益反而較低。

基於這樣的認知，我們在進行產學合作的研究活動時，經常告訴企業方，不能因為眼前的利益，而只將年輕人視為賺取收益的目標，更應向後退一步，俯瞰、理解與年輕人建立連結的意義及重要性。

目前，**α（alpha）世代的年輕人，正處於人格逐漸形成的少年期**，而Z世代則正經歷確立性格的青春期。在這個時期，讓年輕人對企業或品牌產生認同感，或是視作美好回憶的一部分，這種情感上的聯繫，有助於提升日後的LTV（Lifetime Value，顧客終身價值）[7]，使他們在成年後能進一步支持企業，以最大程度發揮永續經營的核心——事業價值與企業價值。

從未來年輕世代的消費力，以及他們對市場經濟的影響思考，或許就能一窺新時代社會的前景與商機。十年後的二〇三四年，日本預估的勞動人口約為六千四百萬人，又比二〇二四年少了一千萬人左右[8]。

假設勞動人口與市場經濟規模呈相近的比例，那麼日本Y世代、Z世代和α世代合計人口總數將達到四千四百萬人，並占整個市場經濟規模的七成。特別是Y世代和Z世代，將成長為具備強大購買力的主力族群，成為市場經濟的核心。

而接下來，α世代也將陸續成年，不斷增加他們的影響力。因此，現在將眼光聚焦於α世代，絕不會是太過急躁的策略。

以二〇三四年的社會概況來說，將有四個世代（團塊Jr.世代、Y世代、Z世代、α世代）共存。我們也可以看到兩種不同的家庭樣貌，一是團塊Jr.世代與Z世代的家庭，另一種是Y世代與α世代的家庭。

7　指客戶或用戶在未來可能帶來的收益總和。
8　臺灣預估二〇三四年的勞動人口約為一千四百萬人，比二〇二四年少了兩百萬人左右。

圖表 0-1　日本 2034 年勞動人口構造

生產勞動人口：15 歲～64 歲約 6,400 萬人＝團塊 Jr. 世代＋Y 世代＋Z 世代＋ α 世代等四個世代，即【團塊 Jr. 世代與 Z 世代的家庭】、【Y 世代與 α 世代的家庭】兩種家庭所構成。

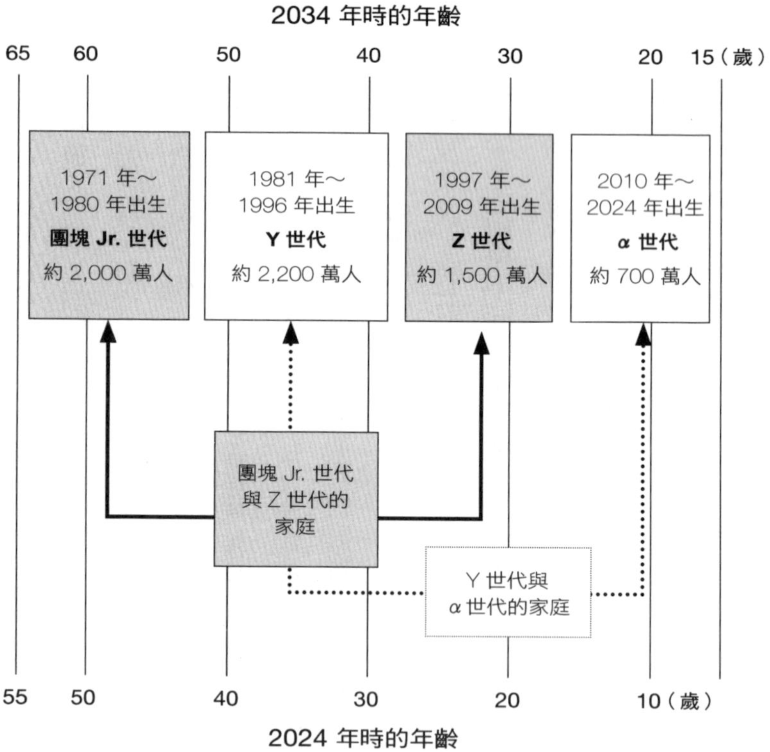

※團塊 Jr. 世代通常指 1971 年～1974 年出生的人，但本書中主要定位為 Y 世代的上一個世代，也就是泛指 1971 年～1980 年間出生的人。

這四個世代與過去相比，家庭關係更融洽、家人相處時間更長。例如，逛街時會透過 LINE 討論：「這件怎麼樣？」、「很適合你，不錯喔！」相互交換意見後才決定是否購買，影響彼此的消費行為。更進一步分析這種家庭關係可以發現，**現代父母普遍希望孩子能自由去做自己喜歡的事，且父母也更容易被孩子的價值觀與行為影響。因此，家庭關係對消費行為有著十分重要的影響力。**理解上述兩種不同成員組成的家庭，能給未來的行銷策略相當大的啟示。

透過相關研究，我們開始對未來懷抱著某種樣貌的期待，那就是預計從二〇二五年開始，日本社會的「典範轉移」（paradigm shift）[9]或許即將加速發展。

事實上，這個變化趨勢已悄然啟動。自二〇二〇年以來，曾是日本消費主力、引領社會價值觀的團塊世代（一九四七年至一九四九年出生），已經逐步退出勞動人口，也就是青壯世代的行列。隨著社會與企業內部決策領導者的世代交替，社會氛

9 「典範」狹義上指科學社群對研究方法的共識，「轉移」指原有典範受到挑戰或產生變化的過程。

圖表 0-2　臺灣 2034 年勞動人口構造

生產勞動人口：15 歲～64 歲約 1,400 萬人＝團塊 Jr. 世代＋Y 世代＋Z 世代＋α 世代等四個世代，即【團塊 Jr. 世代與 Z 世代的家庭】、【Y 禧世代與 α 世代的家庭】兩種家庭所構成。

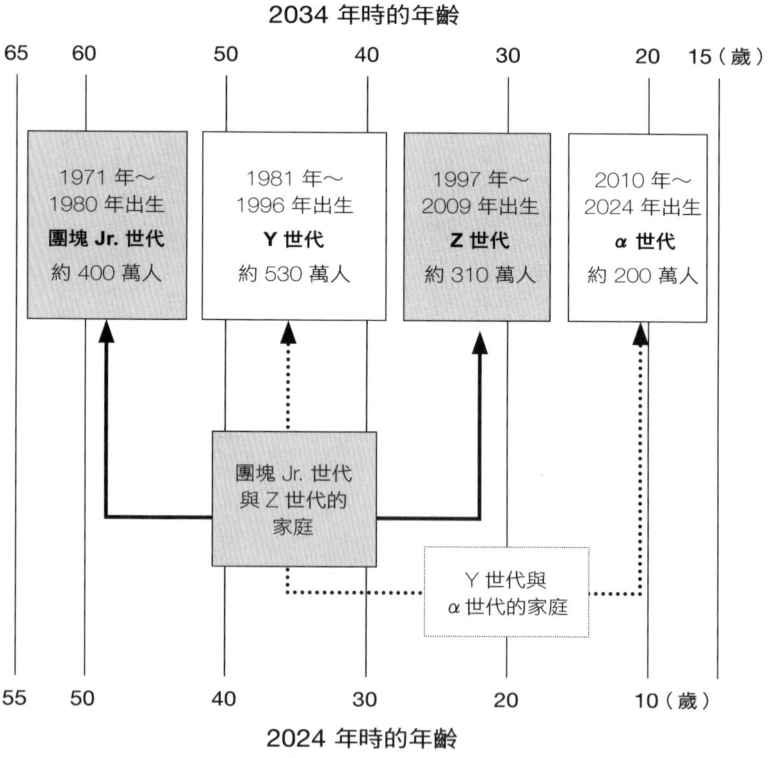

圍逐漸改變，消費行為、工作方式以及人們對事物的看法和判斷標準，也迅速發生轉變。

Z世代與α世代成長於社群媒體、人工智慧（Artificial Intelligence，縮寫為ＡＩ）、數位轉型（Digital Transformation，縮寫為ＤＸ）等蓬勃發展的社會環境，他們的感受力與行為規範，將成為二〇三〇年代的嶄新標準。

目前已經有許多企業公布以二〇三〇年為目標年的永續發展目標（Sustainable Development Goals，縮寫為ＳＤＧｓ），並以此為未來願景，積極展開企業活動。自二〇二五年起，接下來的十年將邁入「後ＳＤＧｓ時代」，企業也將逐步推出新願景。從行銷到員工的招募與培訓等，大部分企業活動都需要有所改革，以適應新時代的行動模式。在這個即將迎向新時代的分界點，也是重新思考自我、企業在未來社會存在的意義與願景的關鍵時刻。

這群小朋友決定我們未來的樣貌

行銷領域中**有一種洞察未來社會的手法，那就是觀察年輕世代表現出的新行為。**

十年前，我曾在美國某科學雜誌的一篇報導中讀到，矽谷技術人員進行了日本女高中生的行為觀察研究，他們從女高中生使用手機內建的相機功能，並熱衷於用簡訊互傳照片的行為中，獲得了開發智慧型手機的靈感。這篇報導也啟發了我，因此，自二〇一四年起，我的研究室也開始著手研究女高中生的行為，作為洞察未來經營與行銷進化方向的手段之一。

在持續追蹤、觀察高中生成長的同時，從二〇一八年開始，我們也將大學生和剛進入社會的Z世代納入研究對象。二〇二二年，我們更進一步納入α世代的中、小學生，展開三世代比較調查，致力於從年輕世代的生活方式中，找出未來社會的本質，並持續將研究結果回饋給實務人士與專家。

我們的研究以「未來的樣貌將在年輕世代的生活中逐漸浮現」為前提，首先從宏觀的角度，捕捉未來即將發生人口變動等社會經濟上的變化，同時，我們也試圖理解

圖表 0-3　小夕馬研究室的研究流程

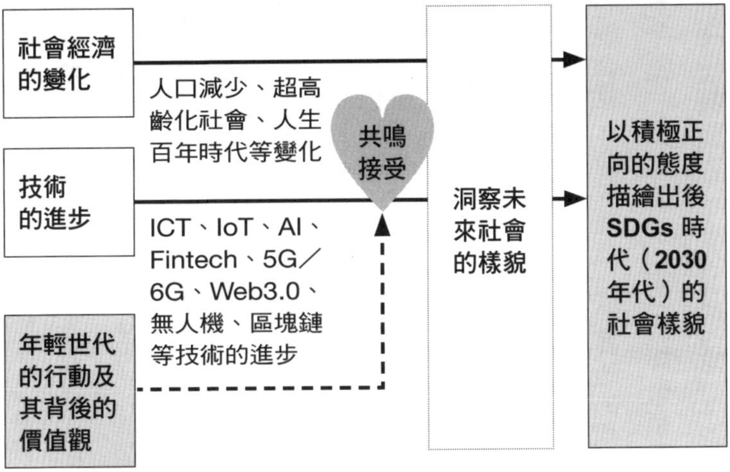

重點　**人們的感受力（sense）何時能追上這些變化，並成為生活中的常識？**

必須掌握社會經濟的變化、技術的進步、年輕世代的行動及其背後的價值觀，才得以洞察未來社會的樣貌。

科技的演變。技術革新改變了人們的日常生活，也為社會變遷帶來深遠的影響。考據、觀察這些社會經濟變化與技術革新，如何影響媒體、傳播及社群的形成，也能夠想像未來社會的樣貌。

這個過程的重點在於，要明確判斷人們的感受力（sense）何時能追趕上社會經濟與技術革新的步伐。上述兩者為社會帶來了嶄新的價值觀，當人們與這些新價值觀產生共鳴，並逐漸改變對事物的認知（perception）而開始行動時，社會也會逐漸形成新的生活常識（common sense）。

本書將解釋從Z世代到α世代的價值觀和行為變化。透過與Z世代的對比，理解α世代萌發的新感受、新認知以及新的生活常識，並了解其形成背景，願能為未來的商業願景提供一些啟發。

為了方便與α世代（二〇二四年時為十四歲以下）比較，本書將聚焦於Z世代中較接近α世代的年齡層，也就是所謂「近二十歲」（二〇二四年時為十五歲至二十五歲）的族群。

各世代年齡層有諸多不同的定義，因此本書將以左頁圖表0-4的世代與年齡層為主要標準。

在第一章中，我們將初步介紹α世代是什麼樣的一群人，包括α世代的定義、主要行為特徵，以及這些行為背後的價值觀。

到了第二章，將引用我們與東京千代田的市場調查公司 INTAGE 共同進行的「三世代比較調查」（包含定量[10]、定性[11]全國性調查）數據，深入比較各世代間

圖表 0-4　本書中世代與年齡層的定義

世代	出生年分	2024 年時的年齡
X 世代	1965年～1980年	44歲～59歲
Y 世代（千禧世代）	1981年～1996年	28歲～43歲
Z 世代	1997年～2009年	15歲～27歲
α 世代	2010年～2024年	14歲以下

的差異，詳盡解析α世代的特徵。本章中也談及日本與其他國家的α世代比較。

接下來，第三章將解釋從Z世代到α世代，價值觀與行為的變化趨勢，並洞察不久後的未來可能發生的社會現象。到了第四章與第五章，主要探討後SDGs時代，也就是至二〇三〇年代間，社會可能出現的新商機。

本書將深入探討二〇三〇年代的媒體、廣告、行銷、品牌經營的模式，同時思考行銷在下一個時代中的存在意義。未來的行銷人，將不再只是促進消費的角色，也肩負新的社會使命——承擔實現正和社會[12]的重任。

在各章的結尾處，也安排與各領域專家的對談專欄。這些對談包括指導 α 世代的教育實務人員、新生代行銷的研究者、媒體與社群的專家，以及廣告溝通的實務工作者，以從中獲得專家們對於未來的深度洞察。

期望讀者們都能透過本書，感受到新時代的氣息，建立描繪未來願景的基礎，協助社會持續成長。

10 採用統計、數學或計算技術等方法，系統性的考察社會現象，數據以統計或百分比為主。

11 以訪談、觀察人物、討論和觀察焦點小組為主的研究方式，不使用統計分析。

12 正和指所有贏家所獲取的總和，比起輸家失去的總和還多，甚至是沒有輸家。

第一章

α世代和其他世代哪裡不一樣？

1 α這個字母代表未知

α世代通常指二〇一〇年至二〇二四年出生的人。二〇二四年時，這個世代中年紀最長的人將滿十四歲，大部分仍是小學生。他們是Y世代的子女，日本人口數約為一千五百萬人[1]。放眼全球，在年輕人口持續增加的國家中，每週有超過兩百八十萬以上的人出生，到了二〇二五年，α世代總人口數預計將達二十五億，成為未來對全球經濟產生重大影響的世代之一。

在理解α世代之前，要先了解他們與上一世代的關聯性。由於各地對世代的劃分和名稱定義有所不同，本書在下頁圖表1-1列出兩種主流定義，大致整理各世代的差異，以更清楚的掌握時代變化。

1　據臺灣內政部統計，二〇二四年十二月時，零歲至十四歲的人口約兩百七十萬人。

圖表 1-1　西方與日本世代區分比較表

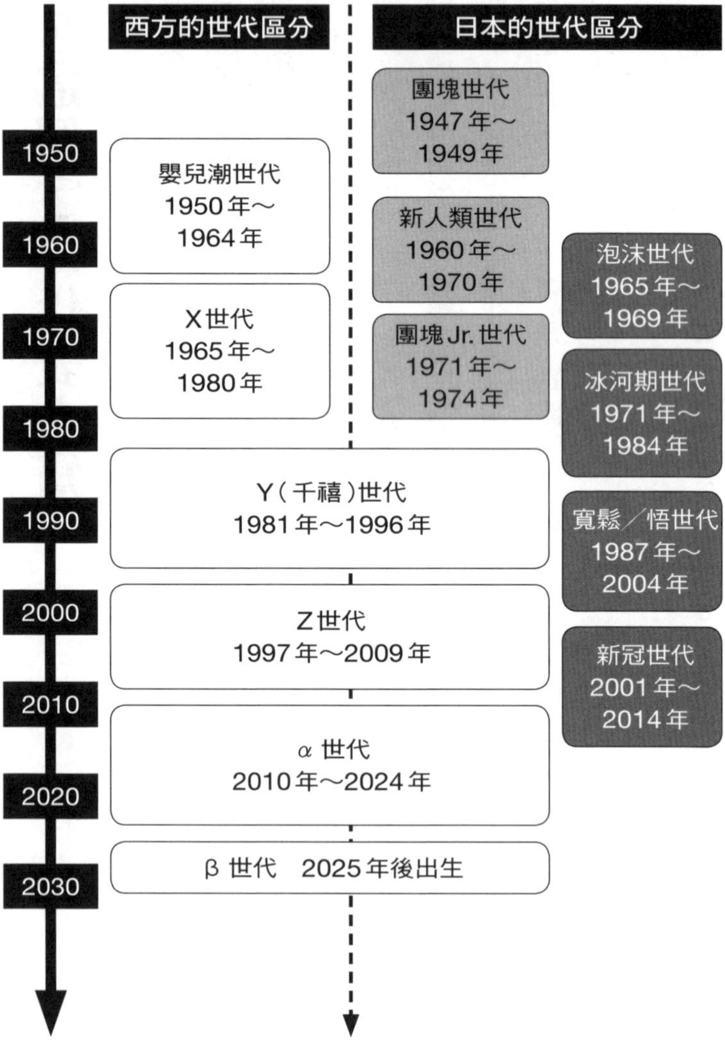

在美國，論及世代的變遷時，往往將第二次世界大戰結束後，約一九五〇年至一九六四年出生的人，稱為嬰兒潮世代。顧名思義，在這個世代中，新生兒的出生率大幅提升，進入人口迅速增加的時期，後來也成為支撐美國經濟成長的重要支柱。而日本則將這個世代稱作團塊世代。

接續在嬰兒潮世代之後的X世代（Generation X），指的是一九六五年至一九八〇年間出生的人。「X」這個名稱，蘊含了這一代與上一個世代在價值觀和行為上截然不同的特質，也被稱作「未知的世代」。一九九一年，加拿大作家道格拉斯・柯普蘭（Douglas Coupland）出版了一本名為《X世代》（*Generation X*）的小說，並成為暢銷書，從此X世代這個詞彙就在全球廣為流傳。從X世代之後，每隔十年至十五年左右，就會出現一個新的世代，並依英語字母順序取名，X之後就是Y。

Y世代指一九八一年至一九九六年間出生的人，也被稱作千禧世代。這一代人成長於網際網路開始普及的數位時代，因此也被視為數位原住民。千禧世代的父母來自嬰兒潮世代，並在成年後成為α世代的父母。千禧世代的名稱由美國心理學家珍・特溫格（Jean Twenge）所定義，來自千禧年（Millennium）這個詞，因為這個世代的人集中在二〇〇〇年後正式邁入成年階段。

接下來的Z世代，指一九九七年至二〇〇九年出生的世代，這也是第一個囊括二十一世紀出生者的世代，因此備受關注。

以我個人感覺而言，自二〇一五年前後社群媒體行銷興起，日本國內的行銷界似乎也開始採用西方的劃分方式，使用X、Y、Z世代等稱呼來區分。在這之前主要以社會現象來命名，例如：泡沫世代、冰河期世代[2]以及寬鬆／悟世代[3]。近年，受到新冠疫情影響（二〇〇一年至二〇一四年出生）的世代，也被稱作「新冠世代」。

我在左頁圖表1-2中，整理並比較了X、Y、Z世代的各項特徵。

過去我總是心想，在使用了最後一個字母Z之後，接下來的世代該如何命名？後來，大約在二〇二〇年左右，我開始聽到α世代這個名詞。

α世代指二〇一〇年以後出生的世代，也是第一個所有成員都在二十一世紀出生的世代。命名者是澳洲的世代研究學家馬克．麥克林斯爾（Mark McCrindle）。據說在討論命名時，他曾在澳洲國內進行問卷調查，其中有不少人建議使用「A世代」這個名稱。

圖表 1-2　X、Y、Z 世代的特徵比較

世代	主要特徵
X 世代 1965年～1980年	・消費欲望強烈 ・喜好名牌商品 ・競爭意識高 ・渴望與他人不同 ・小時候看電視，成年後接觸網際網路
Y 世代（千禧世代） 1981年～1996年	・數位原住民 ・重視體驗勝於物質 ・偏好獨特的物品，而非名牌商品 ・喜歡加入社群，團體意識強 ・重視 CP 值（性價比） ・從小開始接觸網際網路
Z 世代 1997年～2009年	・社群媒體原住民 ・在活動體驗投入時間與金錢 ・偏好符合自己風格的物品，而非名牌商品 ・在線上交朋友 ・重視 TP 值（時效比） ・從出生就開始接觸網際網路

2 在泡沫經濟破滅後進入職場的世代。

3 寬鬆世代於一九八七年至二〇〇四年出生，受日本於二〇〇二年推行的「寬鬆教育」影響；悟世代則無明確年分定義，但一般多與寬鬆世代的年齡層重疊，名稱起源於年輕人如頓悟般不追求物欲。

他認為這個世代具有與以往世代完全不同的特徵，因此決定不使用英文字母，而是以希臘字母 α 來命名。與X世代相似，α 這個字母也蘊含著「未知世代」的涵義。

從X世代發展到Y世代，再到Z世代，這段進化的過程花了約半個世紀的時間，因此，α 世代也可以被視作下一個半世紀的開端。從這個角度來看，現在最應該留意的，就是在二〇三〇年後，當 α 世代活躍於社會領導階層時的未來社會樣貌。他們在Y世代父母的支持下，擁有眾多選擇，並在成長過程中實現自己想做的事。這樣的 α 世代將如何引領社會？這著實令人感到好奇。

順帶一提，α 世代最後的出生年是二〇二四年，在二〇二五年以後出生的世代，已經開始有人稱之為「β（beta）世代」。繼 α 世代之後，β 世代的到來已經近在咫尺。

2 他們十四歲前的成長回顧

隨著介紹α世代特質的資料逐漸增加，他們經常被提及的特徵包括以下幾點：

- 能熟練使用數位裝置。
- 從學校和才藝課程中，獲得多元化的學習經驗。
- 對社會議題較敏感。
- 能快速適應AI及元宇宙（metaverse）[4]等。
- 重視TP值勝過CP值。

4 聚焦於社交連結的3D虛擬世界網路。

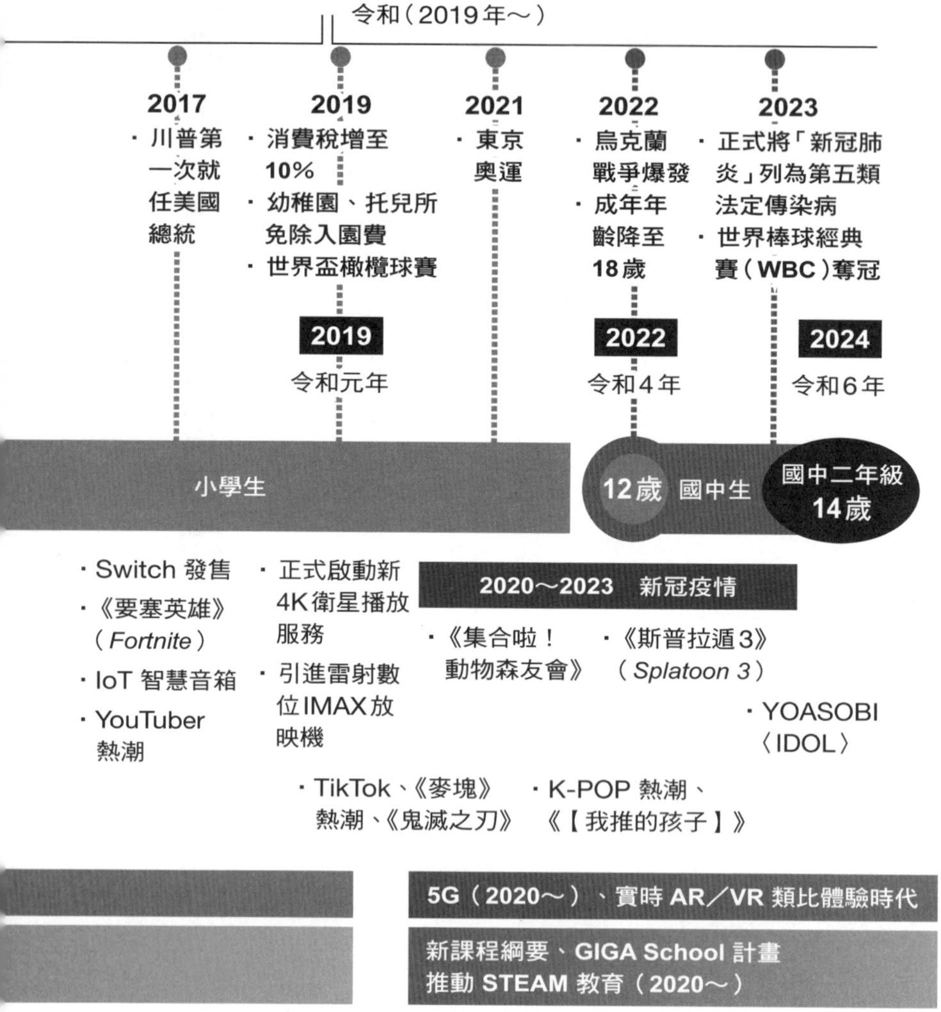
令和（2019年～）
2017
・川普第一次就任美國總統
2019
・消費稅增至10%
・幼稚園、托兒所免除入園費
・世界盃橄欖球賽
2021
・東京奧運
2022
・烏克蘭戰爭爆發
・成年年齡降至18歲
2023
・正式將「新冠肺炎」列為第五類法定傳染病
・世界棒球經典賽（WBC）奪冠
2019
令和元年
2022
令和4年
2024
令和6年
小學生
12歲
國中生
國中二年級
14歲
・Switch 發售
・《要塞英雄》（*Fortnite*）
・IoT 智慧音箱
・YouTuber 熱潮
・正式啟動新4K衛星播放服務
・引進雷射數位IMAX放映機
2020～2023　新冠疫情
・《集合啦！動物森友會》
・《斯普拉遁3》（*Splatoon 3*）
・YOASOBI〈IDOL〉
・TikTok、《麥塊》熱潮、《鬼滅之刃》
・K-POP 熱潮、《【我推的孩子】》
5G（2020～）、實時 AR／VR 類比體驗時代
新課程綱要、GIGA School 計畫
推動 STEAM 教育（2020～）

圖表 1-3　**2024 年滿 14 歲的日本 α 世代假想成長年表**

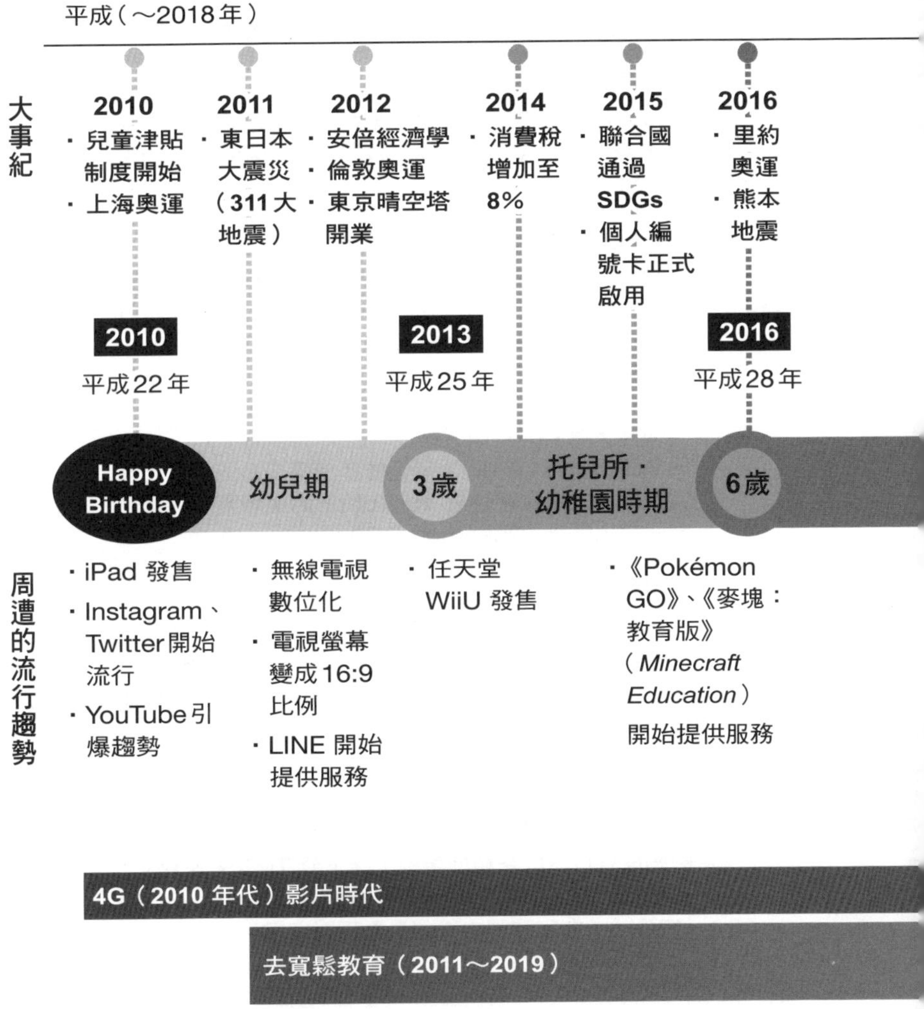
平成（～2018 年）
大事紀
2010
・兒童津貼制度開始
・上海奧運
2011
・東日本大震災（311 大地震）
2012
・安倍經濟學
・倫敦奧運
・東京晴空塔開業
2014
・消費稅增加至 8%
2015
・聯合國通過 SDGs
・個人編號卡正式啟用
2016
・里約奧運
・熊本地震
2010
平成 22 年
2013
平成 25 年
2016
平成 28 年
Happy Birthday
幼兒期
3 歲
托兒所・幼稚園時期
6 歲
周遭的流行趨勢
・iPad 發售
・Instagram、Twitter 開始流行
・YouTube 引爆趨勢
・無線電視數位化
・電視螢幕變成 16:9 比例
・LINE 開始提供服務
・任天堂 WiiU 發售
・《Pokémon GO》、《麥塊：教育版》（*Minecraft Education*）開始提供服務
4G（2010 年代）影片時代
去寬鬆教育（2011～2019）

圖表 1-4　日本 α 世代 14 歲前的成長回顧

- **2010 年（平成 22 年）出生，也是 iPad 發售的年分**
- **幼兒期（0 歲～3 歲）**

  1 歲時經歷東日本大地震，會在小學的防災課程中學到這段歷史。父母每天都會用智慧型手機幫他們拍照、錄影。

- **托兒所／幼稚園時期（4 歲～5 歲）**

  家裡有多種數位裝置（如智慧型手機、iPad 等），從小就學會滑動、縮放等觸控手勢。全家人會一起玩 Wii，平常玩任天堂 DS、塔麻可吉 4U（電子雞），以及各種連線遊戲。

- **小學低年級（6 歲～8 歲）**

  學校開始流行《麥塊》。每週會參加兩次游泳課等才藝課程。登父母的帳號看 YouTuber 的遊戲實況。跟父母一起出門玩《Pokémon GO》。

- **小學高年級（9 歲～11 歲）**

  四年級時，年號改為令和。五年級春天遇新冠疫情，學校提供平板電腦進行遠距教學，開始上補習班。

  SDGs、英語、程式設計成為必修課。放學後，常找朋友一起玩《要塞英雄》。

  家裡買了智慧音箱，語音指令成為生活中的一環。

- **國中時期（12 歲～14 歲）**

  開始擁有自己的智慧型手機，迷上看 TikTok 影片。喜歡 K-POP 偶像和日本音樂組合 YOASOBI 的〈IDOL〉。在家政課中學習金融理財知識。

這些特徵背後反映了α世代的成長過程。假設有一位出生於二〇一〇年，並在二〇二四年成為國中二年級的學生，透過訪問其父母與老師，可以彙整出這一代的成長年表（見右頁圖表1-4）。

α世代的父母，多數是來自Y世代，他們將智慧型手機和平板電腦等數位裝置融入生活，並透過社群媒體和家人、朋友保持遠距聯繫。α世代的孩子成長於二〇一〇年代，受父母的影響，從小便掌握了使用家中數位裝置的能力。**由於數位裝置上多元的影音內容，使他們能經常接觸到許多有趣的新資訊，並因此產生興趣，參加多種類型的才藝課程，也成為這個世代的特徵之一。**

α世代在小學高年級時期，曾受新冠疫情的直接影響。隨著學校迅速推展數位化課程，家庭生活與學校生活在數位空間中逐漸融合。他們經常在遊戲的虛擬空間中和朋友相約玩樂，朋友間的交流也有轉移到線上的趨勢。

這些孩子在小學階段沒有自己的社群帳號，而是使用父母的帳號，並在家長的監督下享受數位內容，因此他們在網路上幾乎沒有負面的體驗。當他們升上國中後，開始擁有自己的智慧型手機和社群帳號，這樣的變化將如何影響他們對社群媒體的看法？這也成為我們未來調查的一項重點。

你是否對 α 世代的成長環境有了更具體的認知？接下來，我們將進一步介紹 α 世代的各項特徵。

3 自由穿梭在現實與虛擬世界

自二〇二二年起，小々馬研究室對α世代的小學生，以及近距離見證他們成長的家人與老師，持續進行定量及定性分析調查。從相關的調查結果中，我們發現許多專屬於α世代的特徵。其中有五項很可能對經濟產生重大影響，特別介紹如下：

1. 對AI的接受程度極高

一位在職的小學老師告訴我們：「現在的小學生，能毫無抗拒的接受AI所推薦的資訊。他們對AI的接受程度相當高，讓人實際感受到演算法行銷的威力。」

α世代出生在智慧型手機和平板電腦普及的時代，在成長過程中首次接觸的玩具，往往就是數位裝置。由於父母親也經常使用智慧型手機觀看影片、搜尋及購買商品，或是使用行動支付等功能，這些行為也間接影響了孩子們。對α世代來說，數位工具已是日常生活不可或缺的一部分。由於從小就在家長的管理和指導下使用社群媒體和網路，因此他們對網站上的個人化內容不會感到特別突兀，而是將這些方便的功能視為理所當然。

此外，由於家裡的智慧家電、學校及補習班中會用到的教學應用程式，普遍都搭載了AI技術，這些孩子在日常生活中就能體驗到AI所帶來的便利，因此，活用AI技術已成為他們的生活常識之一。

對AI等科技的基本科技素養的變化，可說是Z世代到α世代的顯著進化。Z世代雖然也被稱作數位原住民，但他們成長在各種科技逐漸滲透社會的過渡期，因此多半有過失敗或受到驚嚇的經驗。這些經歷讓Z世代對新科技多少懷抱著不安的情緒，對於使用AI和機器人能否提升生活的便利性也心存疑慮。同時，**Z世代也較傾向相信熟人提供的資訊，這種人際導向的特徵，源自於他們不想被過多的網路資訊誤導。相較之下，α世代則是人性導向，只要能感受到一點具有人性的一面，他們也能和機器人或虛擬化身溝通。**

α世代擅長靈活運用新科技，並認為這些技術是解決社會問題的工具或手段。

這樣的特質，同時也和他們的第五大特性——以解決社會問題為導向——有緊密的關聯。

2. 自由穿梭在現實與虛擬世界

根據我們的調查，α世代會花費大量時間在線上遊戲中，他們喜歡的生活方式是在現實與虛擬（假想）空間之間來回穿梭。

α世代大多數在三歲至十歲這段人格形成的重要時期，經歷了新冠疫情。由於在家中自習、遠距教學等原因，居家時間大幅增加，觀看影片和玩線上遊戲等室內的娛樂活動，也自然成了他們的日常。

Z世代雖然也會長時間使用智慧型手機，但就我們針對五千兩百二十人進行調查，大約只有四成的人曾經玩過線上遊戲，而一千四百二十人的α世代中，則有六成以上的人玩過線上遊戲，顯示出他們會花更多的時間在虛擬空間中。

Z世代普遍認為，現實世界和虛擬空間雖然相連，但仍是兩個不同的世界。但對α世代來說，更像是放學後跟朋友約好一起玩耍的地方，這個虛擬空間已經成為他們生活圈的一部分。

3. 具備描繪出獨特世界觀的創造力

「打造更美好的世界。」（Build a Better World.）這是線上遊戲《麥塊》（*Minecraft*）主畫面上的標語。根據遊戲的介紹：「《麥塊》是一款由方塊、生物（Mob）和社群共同組成的遊戲……方塊可供破壞、打造或放置以重塑景觀，亦可使用方塊建造奇妙的創意物品……。」α世代正是這樣一群能將腦中浮現的世界觀，逐一建構於假想空間中的年輕人。他們會邀請朋友一同在建構的世界中玩樂，或是在線上玩生存遊戲[5]。對α世代來說，虛擬空間不僅是屬於自己的舒適場所，也是與同伴共度愉快時光的社群。

二〇二二年，小々馬研究室的大學生與小學六年級的孩子們組成了一個團隊，共同進行一項名為「未來．速寫二〇三〇」的研究計畫。大學生們表示，他們深刻體認到自己這一代與α世代之間的差距，就在於想像力和重現能力的不同。

在這個計畫中，我們請大學生和小學生各自畫出十年後的家中樣貌。大學生們所想像的是，整個家透過藍牙（Bluetooth）連結，可以在各個房間不間斷的播放喜歡的音樂，既舒適又愉快。然而，這樣的構想相對抽象，相較之下，小學生們畫出的未來家庭更加具體。

例如，廚房裡的冰箱透過物聯網（Internet of Things，縮寫為IoT）設計，表面的透明螢幕可以顯示食材的保存期限，還能提出相關的食譜建議，以減少食物浪費等。看到他們能如此具體且清晰的將腦中的構想重現，大學生們都感到非常驚訝。

此外，小學生們每個創意的起點，都明確的指向「可以解決哪些社會問題」，並能夠清楚的描述該使用哪些技術來解決這些課題。這也讓大學生們感受到兩個世代間的差異。

在觀察α世代描繪未來的過程中，我內心浮現了一個全新的想法：**或許在不久的將來，人們對於現實世界和虛擬世界的認知，將會完全顛倒。**

---

5 動作遊戲的一個子類。玩家在遊戲開始時通常只有極少的裝備，並需要蒐集資源、工具、武器和建造住所，以盡可能爭取在惡劣環境中存活的最長時間。

舉例來說，當我們希望將未來改造成一個更美好的地方時，可能會利用AI、擴增實境（Augmented Reality，縮寫為AR）[6]、虛擬實境（Virtual Reality，縮寫為VR）[7]、混合實境（Mixed Reality，縮寫為MR）[8]等技術，描繪腦海中的景象，然後將這些虛擬創作視作追求的最終目標，也就是「真實的世界」。在這種情況下，人們很有可能會將現在所處的現實世界，視作一個模仿「真實世界」但尚未完成的模擬世界。

如今數位孿生（Digital twin，或譯數位對映、數位分身）的構想，是在虛擬空間中重現現實世界。但隨著虛擬世界越來越貼近我們的生活，也不禁讓人覺得，或許有可能出現完全相反的狀況——**先在虛擬空間中描繪出理想的世界，然後才在現實世界中實現。**這麼一來，未來的政府和企業就不能只用抽象的語言來描繪願景，而是需要在虛擬空間中創造出人們可以實際感受到的「真實」，再拋出相關議題，並承擔將這樣的世界重現於現實中的使命。

這種創造真實世界的能力，也與α世代的第四項特性「習慣在思考前就得到答案」有很大的關聯。

▲小學六年級學生心目中 2030 年的家（廚房），根據小學生速寫繪製的插圖。
（插畫／jupachi）

4. 習慣在思考前就得到答案

「現在的小學生不會花太多時間查找資訊。」這是我們從一名小學老師口中得知的特徵之一。先前曾提到，由於這些孩子已經習慣接受教材ＡＰＰ中，由ＡＩ編輯的內容，因此他們會想要用最快、最簡單的方式找出答案，而不是花時間一一查證。

無論是Ｚ世代還是α世代，都不希望因為接觸到大量資訊而犯錯，兩個世代所採取的行動卻大不相同。

6 讓螢幕上的虛擬世界，能夠與現實世界場景結合與互動的技術。
7 利用電腦類比產生一個虛擬世界，提供使用者視覺、聽覺等感官體驗。
8 虛擬實境（ＶＲ）加擴增實境（ＡＲ）的合成品。

例如，Z世代為了避免做出錯誤選擇，在決定是否購買之前，都會先上 Instagram 或X（前身為 Twitter）等社群平臺，找到足以信任且「確定適合自己」的資訊；α世代則認為過度調查很浪費時間，也就是十分重視時效比（Time Performance，縮寫為TP值），因此他們會接受AI所推薦的內容，並將其運用在購買決策上。

α 世代普遍認為，既然AI能夠快速挑選出最符合自己需求的商品，就不需要再多方查詢和審視其他資訊。對他們來說，AI是日常生活中最方便的工具之一，因此也不需要特別懷疑AI所提供的資訊，而是將這些資訊視為實用的資源。

5. 以解決社會問題為導向

α世代的行動過程有一項明顯的特徵，就是先確認「答案」，然後集合具有能夠實現創意的技能、技術夥伴，透過合作來達成目標，成果導向的特質尤其強烈。

而在尋求正確答案的態度上，Z世代和α世代也存在一些差異。

Z世代自幼被教導「正確答案不只有一個，所以大家可以自由提出不同想法」。這樣的教育方式雖然有確實考慮到多元化的價值觀，但在意見交流的過程中，容易耗費太多時間，結果答案往往流於過度抽象，甚至是難以達成共識。

對比之下，現代小學生的想法則是簡單明瞭。他們在接受人們多元價值觀的前提下，認為對大眾更有益、社會普遍認為正確的事就是「正確答案」。由於要做的事情已經足夠明確，因此眾人也應該盡快共享這個答案，並為了解決與實現願景，集結人們的力量。這樣的思維已逐漸成為主流。

4 有問題不問活人，先問AI

α世代的父母大都屬於Y世代。他們對於在日常生活中如何運用資訊通訊技術（Information and Communications Technology，縮寫為ICT）和AI等科技有充分的理解，因此α世代通常也具備較高的科技素養。

α世代的父母普遍關注永續性[9]的相關議題，平常也傾向選購使用環保且生物可分解的塑膠製玩具。而**α世代在成長過程中受到父母影響，也逐漸養成選擇綠色商品或服務的習慣**。

α世代的家庭大都是雙薪家庭。他們的父母還有另一項明顯的特徵，就是願意將家庭中大部分的可支配收入，投入在孩子的養育及教育上。他們經歷過就職冰河期

9 在經濟發展、社會進步與環境保護之間取得平衡，確保資源得以長期使用。

及寬鬆教育，這樣的社會體驗，使他們「**希望孩子能自由去做想做的事**」的想法十分強烈，因此讓子女從小就參加各種各樣的才藝活動。

在學校教育方面，α世代體驗過包括數位教材、使用平板電腦的線上課程，以及隨選視訊（Video On Demand，縮寫為ＶＯＤ）[10] 課程等多元的數位化教育方針。

自二〇二〇年以來，日本的教育方針出現了巨大的變化。這種變化在一定程度上，影響α世代與Z世代之間的價值觀差異與特徵。

在令和時代所頒布的新型態教育方針之下，α世代獲得了什麼樣的教育？這些變化將如何影響未來的社會？我們接下來會從修訂課程綱要、GIGA School 計畫、STEAM 教育以及 Society 5.0 這四個關鍵字來一一探討。

1. 修訂課程綱要（自二〇二〇年起）

二〇二〇年，日本的課程綱要十年來首次進行修訂。課程綱要是由文部科學省（以下簡稱文科省）[11] 所頒布，主要針對小學與國中教育。這次修訂是自二〇〇九年「去寬鬆教育」方針以來的又一次重大轉變。

Z世代成長於去寬鬆教育時期，當時學校大幅拉長五項主要科目的上課時數。隨著課程綱要的修訂，α世代則面臨全新的課程要求，例如：從小學一年級開始，就要接受程式設計教育和SDGs教育；升上中年級之後，外語則成為必修課程。

文科省對這項新的學習目標解釋是：為了因應全球化及AI等創新技術的快速發展，並在難以預測的未來時代中生存，須培養學生主動發現問題、學習、思考、判斷與行動的能力，為創造更理想的社會與人生打下基礎，也就是強化「生存力」。

2. 啟動GIGA School計畫（自二〇一九年起）

在課程綱要修訂的同時，文科省在二〇一九年啟動了一項為期五年的「GIGA（Global and Innovation Gateway for ALL）School計畫」，為全國每位學生提供一臺（平板）電腦及高速網路的ICT環境。這項計畫旨在配合新課程綱要中所提倡的理

10 選定內容後，可以用串流媒體的方式即時播放，也可以將內容完全下載後再播放的系統。

11 日本中央省廳之一，負責統籌教育、科學、學術、文化與體育事務。

念，也就是支持孩子們自發性的學習，培養良好的生存力。

3. 推動 STEAM 教育（自二〇一九年起）

二〇一九年開始的另一項重要教育變革，就是推動「STEAM 教育」。在此之前，日本重視的是 STEM（指科學〔Science〕、技術〔Technology〕、工程〔Engineering〕、數學〔Mathematics〕）的數理教育，而 STEAM 教育則在這個基礎之上，新增藝術、文化、生活、經濟、法律、政治、倫理等廣泛領域的藝術（Art）創造性教育，旨在激發孩子們的創造力。透過融合五種領域的跨學科學習，STEAM 教育鼓勵孩子們實際在社會上發掘問題，並找出解決的方法，以此來培養生存力。

STEAM 教育雖是由文科省推動，但面對即將到來且與科技密切相關的 A I 時代，也可望與經濟產業省和總務省所倡導的未來社會目標 Society 5.0，相輔相成。

4. 期望由 α 世代所實現的超智慧社會

Society 5.0 所描繪的日本未來社會概念，是透過社會變革（創新）來實現一個充滿希望、不同世代間相互尊重、每個人都能舒適生活，並展現自我價值的「超智慧社會」。為此，日本政府採取的方針是最大程度的活用ＩoＴ、ＡＩ、機器人等技術。這樣的理念和先前介紹的α世代特性，也有許多重疊之處。

內閣府將超智慧社會描述為一個高度融合網路空間（虛擬）與實體空間（現實）的系統，並以此推動經濟發展和解決社會問題。這正好反映α世代在生活中自由穿梭於現實和虛擬空間的樣貌。因此，著眼於現今α世代所展現出的特質，似乎也可以捕捉到些許日本未來社會的本質。

從上述小學及國中教育方針改革的整體脈絡來看，可以發現日本對於α世代在未來實現超智慧社會寄予深切厚望。新教育方針、ＩＣＴ環境的改善，以及創造性教育三者之間的活性架構，期許α世代成為第一個兼具發掘問題能力（藝術思維）、從多個角度理解事物並解決問題的能力（後設認知能力[12]），以及創造新價值能力

12 指一個人能夠掌握、控制自己的認知。

（設計思考）的新世代。

（編按：臺灣教育方針改革多體現於課程綱要的修訂，但修訂頻率不如日本頻繁。十二年國民義務教育自二〇一四年起實施，因應義務教育改革而推出的「十二年國民基本教育課程綱要」於一〇八學年度（二〇一九年）起逐年實施，故簡稱「一〇八課綱」。

該課綱以「全人教育」、「核心素養」為發展主軸，旨在培育終身學習者，並分為自主行動、溝通互動和社會參與三大面向。一〇八課綱倡導素養導向教學，突破原有的學科知識框架，並將過往七大領域[13]中的自然與生活科技領域，改為自然科學和科技兩個獨立領域，藝術與人文領域則改名為藝術領域。

二〇二一年十二月另一項重大教育改革，是推動「中小學數位學習精進方案」，為因應疫情升溫，教育部計畫於二〇二二年至二〇二五年間，投入總預算新臺幣兩百億元購置平板等相關設備，期望達到「班班有網路、生生用平板」。）

13 語文、數學、社會、自然與生活科技、藝術與人文、健康與體育、綜合活動。

對談 1

教育與親子關係改變

教育環境的變化及父母的價值觀，會如何塑造α世代的特質？為了探討這個問題，我們訪問了一位曾在以英語授課而聞名的完全中學「群馬國際學院」任教，目前在加拿大教導α世代孩子的老師，一寸木俊光先生。

一寸木俊光

海外兒童日語個別指導教室「Output School」創辦人，現任加拿大溫哥華補習學校教師。

在日本和美國完成國際關係論及臨床心理學雙碩士學位。曾擔任企業訓練講師及學校輔導員，並在日本的公立與私立小學（英語沉浸式教學及完全中學）教書長達十二年。二〇二三年，為了讓孩子接受更具全球視野的教育，舉家移居加拿大。

小々馬敦（以下簡稱小々馬）：隨著ICT環境的完善，以及二〇二〇年課程綱要的修訂，教育環境正快速變化。

一寸木俊光（以下簡稱一寸木）：歷經新冠疫情後，我們的教育環境確實被迫產生相當大的改變。像是設置ICT環境，成了上課的必要條件，新課程綱要所提出的教育理念，也終於成為教育現場必須實踐的內容。

過去，即使在課程綱要中提倡某些事情，實際上也難以在教育現場看到改變。同時，受到新冠疫情的影響，我認為 α 世代家長的意識也產生了相當大的轉變。

小々馬：您覺得家長的觀念產生了什麼樣的改變？

一寸木：簡單來說，我覺得學校的權威性沒有以前那麼高了。疫情期間，由於普遍採用線上課程，家長能直接看到學校在教什麼、老師怎麼上課。

教學的透明度提高之後，似乎打破不少家長對學校的幻想。過去，家長都會告訴孩子要聽老師的話、遵守校規，現在的家長卻會開始產生質疑：「學校的這套方法，真的符合現今的時代需求嗎？」

同時，孩子們也會發現，原來不用每天去學校，自己也能夠學習，這讓家庭與學校之間的距離變得更加明顯，但也拉近親子之間的距離。

小々馬：確實，對Z世代的人們來說也是如此。我聽到不少人說，**由於疫情期間一直待在家裡，反而使親子關係更為親密**，並因此感到慶幸。我們更常看到親子之間共享娛樂，不只父母可以教導孩子，孩子也會主動跟父母分享他們的世界。

α世代的家長大都屬於Y世代，根據您的觀察，這一代家長在教育或育兒觀念上有什麼特色？

一寸木：與上一代相比，Y世代對工作與育兒比重的分配有相當大的差異。上一代的育嬰假制度尚未普及，家長與孩子之間的互動不像現在這麼密切，且當時的學校有高度權威，家長通常會告訴孩子，要照老師和學校的規矩走。

相較之下，**千禧世代的家長更注重因材施教，傾向於為每位孩子尋找最適合的教育方式。**

小々馬：上一代的家長可能會認為，只要沿用以前的方式教育，孩子就能成功，有時也會強行將自己的價值觀套用在孩子身上。但現在的家長越來越清楚，老方法不一定適用於現代社會。**他們更願意接納、支持孩子的想法，讓他們做自己想做的事。**

一寸木：沒錯，我認為α世代的家長，對孩子有一種強烈的信任感。畢竟他們能接觸到各種工具和資訊來源，不再只是「孩子氣」，反而能跟大人討論，甚至找到共同的興趣和話題，親子之間的觀點越來越接近，這也讓他們更尊重孩子的想法。

α世代的孩子有個明顯的特點，就是他們會學習很多新的事物。家長並不是強迫孩子學習才藝，而是為了幫助孩子找到興趣或長處。他們會很努力的為孩子爭取資源，確保孩子能在適合自己的舞臺上發光發熱。我必須說，α世代家長在孩子身上投入的時間和心力，確實相當驚人。

直接詢問AI答案的世代

小々馬：課程綱要在二〇〇九年修訂為「去寬鬆教育」，Z世代也在這樣的教育方針之中成長。這次修訂的新課程綱要，與之前的方針有哪些不同之處？

一寸木：最大的不同在於，過去的教育偏重於學力，主要目標是培養知識，而修訂後的課程不僅重視知識，也注重培養學生的人格、思考、判斷及表達能力等，強調應用知識、自發性思考的能力。

小々馬：因為這樣，現在的課程中經常會安排小組討論，讓眾人一起討論、思考。老師們會說：「答案不只一個，大家自由發表想法吧！」而學生們就會各自提出意見。但也不見得每次都會得出具體結論。

我覺得Z世代之間的討論有一種風氣，就是即使最後無法得到答案也沒關係，只要大家都有參與就好。相比之下，α世代似乎更重視得到一個具體的答案，也就是成果導向。或許這也是因為新課程綱要的教育方針，從培養思考力轉為培養生存力的影響。一寸木先生，您怎麼看？

一寸木：在教育現場，有一種方法叫「主動學習」（Active Learning），這種手法是為了讓學生能以主動、互動的方式面對課題，深入學習。不僅要自主思考、表達，還要以某種形式發表學習成果。α世代的成果導向，或許是源自這樣的學習方式。

小々馬：我之前也曾聽Z世代的大學生說，當他們跟α世代的小學生小組合作時，就強烈感受到**α世代成果導向的性格**。

另一個明顯的差異，是兩個世代面對科技的態度。由於現在的大學生，是在社群媒體等科技工具逐漸普及的過渡期長大，難免遭遇一些新科技帶來的負面經驗，因此對ＡＩ等新技術要完全融入生活這件事，多少會感到不太放心。但α世代從小就生活在科技普及的環境中，多數人都是在家長的監管下使用，較無負面經驗，因此**他們更相信科技工具的安全性，也有較高的親切感和運用的能力**。

一寸木：α世代確實可以說是真正的科技原住民。以我兒子為例，他就是二〇一〇年出生的α世代。在他的學校裡，就有不少學生會利用電腦課偷玩遊戲，於是老師們安裝了阻擋軟體，但孩子們竟然能自己找到代理伺服器，繞過封鎖繼續玩遊戲。這樣的攻防過程還發生過不少次，這讓我感受到，從小就接觸這些工具的他們，科技能力果真不容小覷。

他們面對ＡＩ的態度也很有趣。有個學生最近在課堂上介紹ChatGPT，說它除了能幫忙翻譯和修改文章以外，他還補充：「沒事的時候還可以陪你聊天。」**他們對**

AI的認知已經不只是工具，似乎也將其視作一個有情感的談話對象。

小々馬：這讓我聯想到Z世代跟α世代之間的另一個差異：Z世代在發現問題這件事上特別敏銳，卻缺少給出答案、解決問題的自信；相較之下，α世代的做法更直接，他們可能會回答：「只要問AI，就知道大家心目中正確的答案了。」α世代的思維模式是，既然社會已經存在正確答案，就不需要花時間討論，應該把重點放在如何實現。我想，這也跟他們「想趕快知道答案」的想法有很大的關聯。

一寸木：確實，**α世代的特徵之一就是「迫不及待」**。他們在看YouTube短影音或線上課程時，理所當然的用倍速觀看，不難理解會有這樣的想法。

先在虛擬世界體驗，才決定在現實裡做

一寸木：現在孩子們的娛樂方式也改變了。α世代似乎覺得需要面對面交流的

遊戲很麻煩，他們更喜歡在線上遊戲中遊玩，因為他們會想盡量避免牽扯到人際關係與溝通問題。漸漸的，在線上而非現實生活中見面，成為他們主要的人際互動模式。

小々馬：我也感覺虛擬世界可能成為他們的首選，而現實世界則變成次要的世界。

一寸木：比如，有的孩子會說：「我在遊戲裡釣過那種魚，所以想實際吃吃看是什麼味道。」這就是虛擬體驗引導現實行動的例子。從電玩遊戲入門，之後才在現實生活中應用，這樣的趨勢似乎也已經反映在教育現場，遊戲正逐漸融入我們的教學課程中。

這樣的學習內容不僅限於α世代，甚至也開始出現在成人教育中。有些原本需要閱讀艱深書籍才能夠學會的東西，現在透過遊戲的方式，就連小孩子也能輕鬆掌握。活用這樣的工具，能讓更多孩子自動自發的學習。傳統課堂的教學模式和討論固然重要，但在方便自主學習的環境下，教育的方式或許也會產生一些改變。

第二章

從調查數據解析生活型態

by INTAGE 生活者研究中心研究員小林春佳

1 被限制用手機，但允許玩遊戲機

INTAGE Holdings R&D中心自二〇二〇年開始，與產業能率大學的小々馬教授合作，進行包括α世代在內的跨世代研究。這個研究的目的，是期望透過各種調查，深入了解未來即將成為消費主力的Z世代，以及更年輕、從出生就接觸數位科技的α世代，這兩個世代的資訊接觸行為、價值觀及消費行動。

我們以世代名稱為分界來理解年輕人，並在分析調查結果的同時，加入年齡、職業及學年等多個視角，避免過度受到世代的限制，以更廣闊的視野解讀。自二〇二二年九月起，我們針對全國十歲至四十歲（涵蓋α世代、Z世代及Y世代）共一萬七千位民眾進行網路問卷調查，樣本數與性別、世代皆依日本人口統計比例設計。第二章將根據這份問卷的結果，分析與報告α世代的特徵。

本次調查依據日本市場研究協會的《行銷研究綱領》第十七條規範，國中生及以

圖表 2-1　問卷調查對象的性別與世代分布

（單位：人）

年齡	男性	女性	合計	世代
10歲～12歲	720	700	1,420	α 世代 （由法定代理人回答）
13歲～15歲	720	700	1,420	Z 世代 （由法定代理人回答）
16歲～20歲	1,280	1,190	2,470	Z 世代
21歲～25歲	1,410	1,340	2,750	Z 世代
26歲～30歲	1,430	1,360	2,790	Y 世代
31歲～35歲	1,480	1,420	2,900	Y 世代
36歲～40歲	1,660	1,590	3,250	Y 世代
合計	8,700	8,300	17,000	

Y 世代：1980 年～1996 年出生（26 歲～40 歲）
Z 世代：1997 年～2009 年出生（13 歲～25 歲）
α 世代：2010 年後出生（10 歲～12 歲）

針對全日本10 歲～40 歲的α世代、Z 世代及 Y 世代共 17,000人實施問卷調查。調查對象的性別及世代，依日本人口比例設計。

下的受訪者，皆已取得監護人的同意或陪同。

首先，我們問到α世代日常可自主使用的數位裝置。結果顯示，**α世代智慧型手機使用率低於電腦，而電視、平板及遊戲機的使用率，則是各世代中占比最高的**（見下頁圖表 2-2）。由於α世代主要仍是小學生，使用智慧型手機等個人通訊裝置的權限多半仍掌握在家長手中，因此平常使用的機會不多，而電視、平板及遊戲機則是他們較常被允許使用的裝置。

根據調查，α世代首次使用數位裝置的平均年齡，明顯低於同樣被稱作數位原住民的Z世代。**α世代平均從八歲開始使用智慧型手機**，而Z世代則是十四歲。α世代開始使用平板電腦的平均年齡同樣是八歲，Z世代則也是十四歲，相差年齡超過五歲以上（見第七十七頁圖表 2-3）。這是因為α世代從出生之後，就被智慧型手機等數位裝置所環繞，自然會比較熟悉。由於調查對象是小學生，預計年齡更小的孩子，開始使用這些裝置的時間可能會更早。

進一步了解這些裝置的用途後發現，超過半數的α世代會在電視上觀看免費影片或玩遊戲，平板電腦則用來享受免費影音服務，這點與Z世代及Y世代是一樣的。

圖表 2-2　平時能自主使用的數位裝置（可複選）

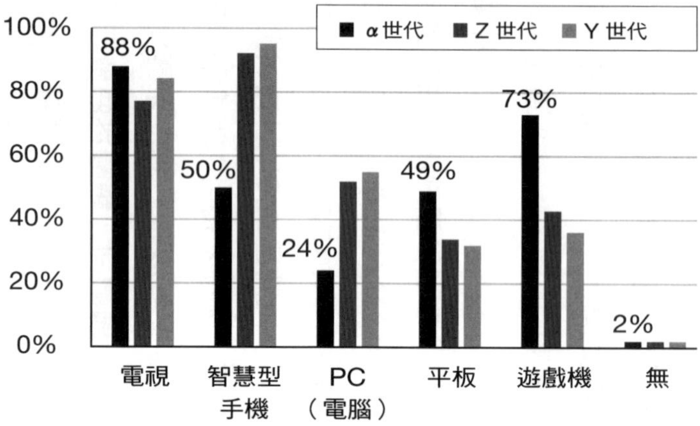

有趣的是，約有三成的α世代表示，他們也會使用遊戲機來觀看影片（見第七十八頁圖表 2-4）。

對α世代來說，**遊戲機不只是一個娛樂工具，也是透過各種服務或應用程式來獲取資訊的主要裝置之一**。相較於受到父母監管的智慧型手機，他們更能自主運用遊戲機裡的功能，因此在某種程度上，遊戲機也發揮了個人資訊裝置的作用。由此可見，α世代的生活中，數位裝置的使用方式相當多元。

為了進一步掌握α世代使用數位裝置的實際狀況，研究團隊於二〇二二年四月至五月進行了一項行為觀察調查。

圖表 2-3　首次使用數位裝置的平均年齡

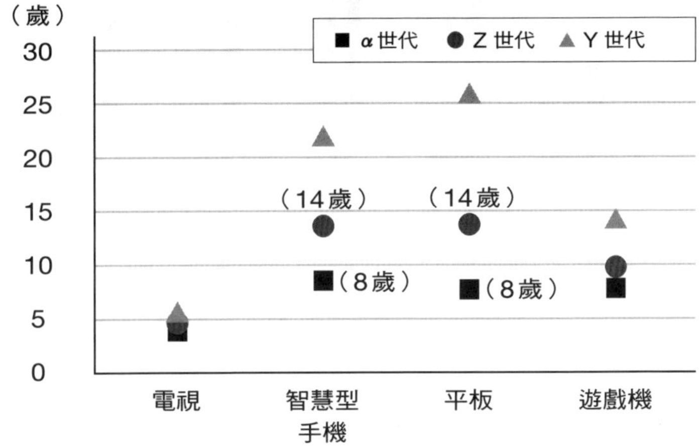

該調查經過家庭成員同意後，在家中安裝攝影機，並記錄孩子使用相關裝置的情況。結果發現，α 世代與 Z 世代的兄弟姊妹會分別使用不同的遊戲機，觀看不同的免費影片。

例如：Z 世代的姊姊通常會打開電視，用家用遊戲機玩遊戲，而 α 世代的弟弟則將家用遊戲機連接至平板，再觀看影片。在這段過程中，弟弟會使用遊戲控制器來播放影片。當姊姊結束遊戲後，則會透過同一臺遊戲機在電視上觀看影片（見第七十九頁圖表 2-5）。

從裝置的多樣化，以及能夠使用複數裝置的環境可以看出，傳統上用電視

圖表 2-4　在數位裝置上主要使用的服務（可複選）

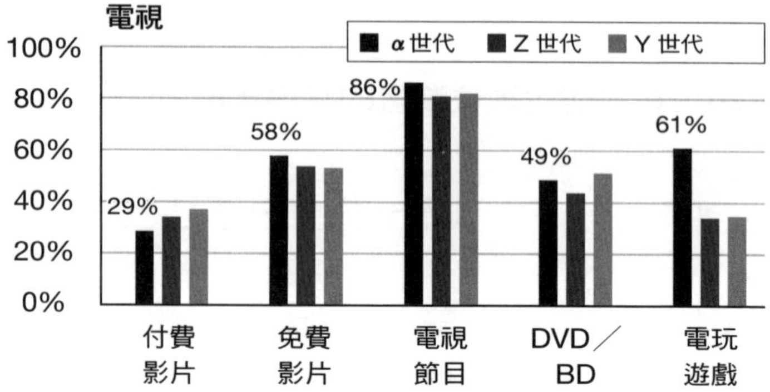

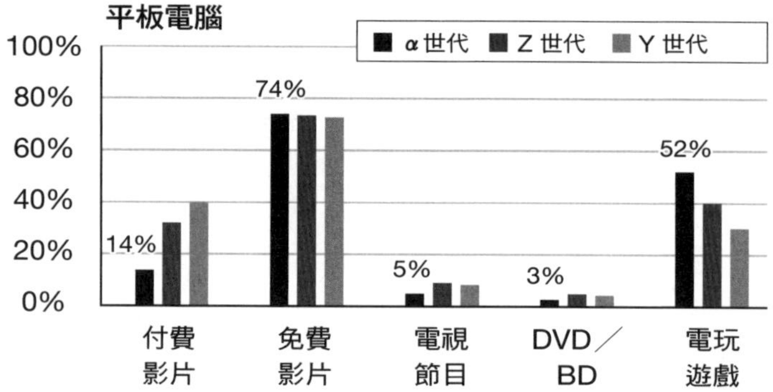

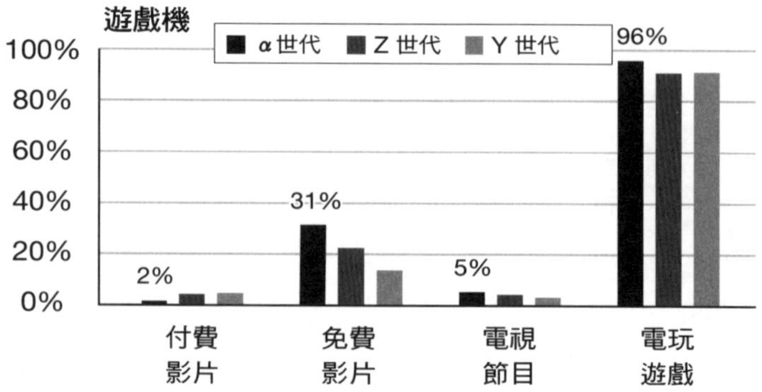

圖表 2-5

Z世代的姊姊打開家用遊戲機在電視上看影片，而α世代的弟弟則用遊戲機連接平板電腦，各自使用遊戲機連接不同的裝置，在同一個空間中享受自己喜歡的影片內容。

（插畫／ROROICHI）

收看節目，在智慧型手機上觀看影片、瀏覽社群媒體和上網等單一裝置的使用習慣已經出現改變。面對這樣的變化，我們更需要考慮各種資訊傳播的媒介，以應對未來需求的溝通模式。

根據行為觀察調查，α世代的孩子們經常同時遊玩多款線上遊戲。我們針對他們對虛擬空間及元宇宙的認知程度，進行相關定量調查，結果顯示，α世代對虛擬空間線上遊戲的了解、興趣及實際體驗的比例上，都明顯高過其他世代。也從此調查得知，**約有七成的α世代曾經透過線上遊戲，體驗網路上的虛擬空間**，也就是所謂的元宇宙（見下頁圖表2-6）。

α世代平時較常使用遊戲機和平板電腦，他們主要也是透過這些裝置，在遊戲中體驗元宇宙

圖表 2-6　對虛擬空間線上遊戲（如元宇宙遊戲）的認知度

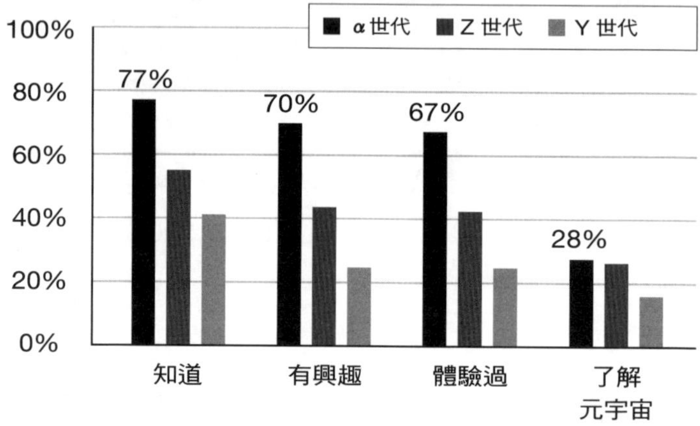

α 世代對於虛擬空間線上遊戲（元宇宙遊戲）的了解、興趣及實際遊玩的比例，明顯高過其他世代。

的世界。近年來，元宇宙遊戲逐漸普及，成為從孩子到大人都能共同體驗的娛樂項目。即便如此，只有少數人知道，這些在虛擬空間中進行的線上遊戲，屬於元宇宙的一部分，這個詞彙對大眾來說似乎仍然比較陌生。

α 世代對於電視節目、可以在電視上觀看的免費影片、手機或平板上的影片，以及電玩遊戲等內容，都抱持高度的喜愛及接受度。在樂趣、個人需求、話題來源這些指標中，電玩遊戲都獲得了高度的支持（見左頁圖表 2-7）。電玩遊

圖表 2-7 使用服務的原因

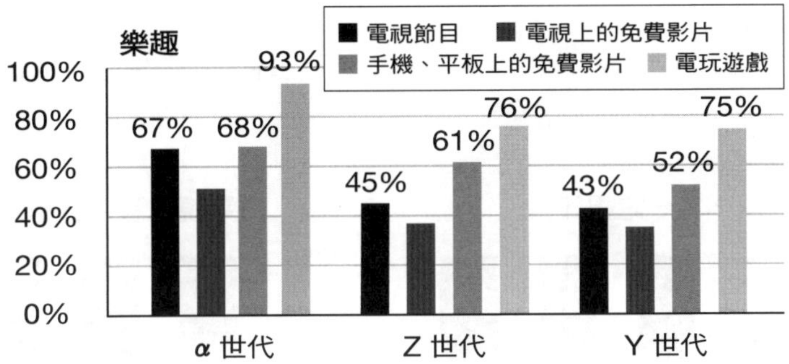

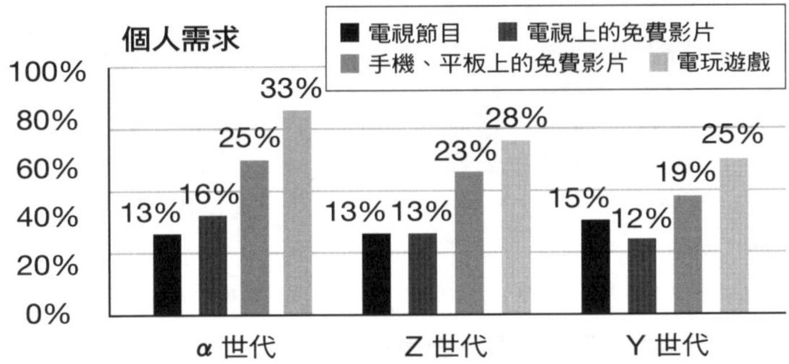

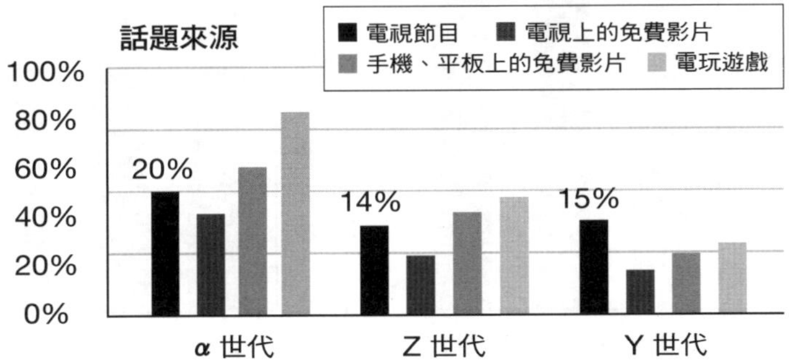

圖表 2-8　每天使用數位裝置的時間

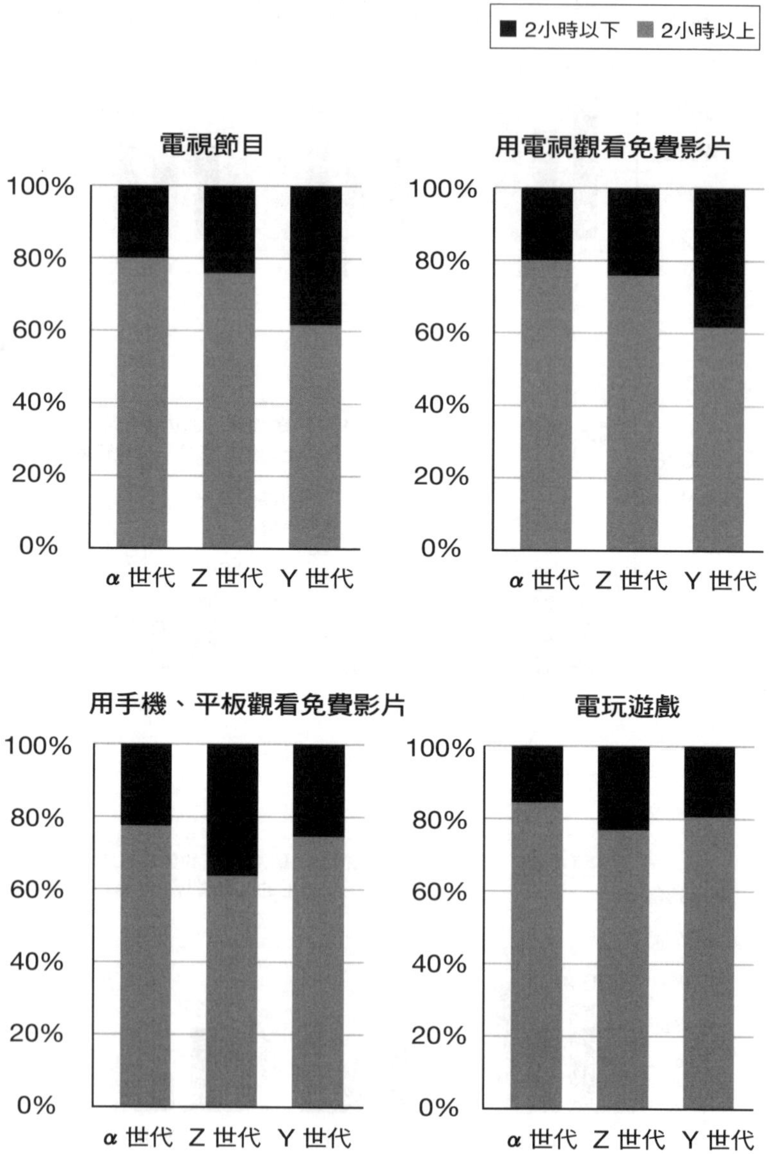

圖表 2-9　擁有個人帳號的社群媒體

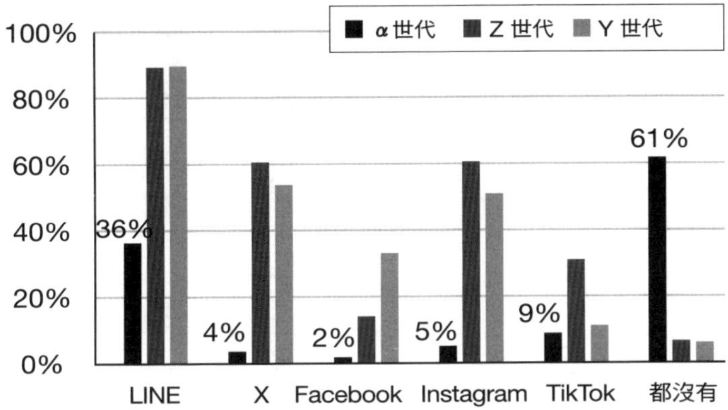

戲對α世代來說，不僅是個人娛樂，或許也是與周遭人們交流的重要話題。

α世代雖擅長使用多種裝置享受不同的服務內容，但從使用時間上來看，他們在電視節目、免費影片及電玩遊戲上所花費的時間與其他世代相等，甚至可能更短（見右頁圖表2-8）。這可能表示他們雖然平常能夠自主使用這些裝置，但家庭中仍有一定的時間規範。

在樂趣方面，α世代對於收看電視節目及用手機、平板觀看免費影片的喜好程度沒有太大差異，但在個人需求及話題來源這兩項指標中，免費影片明顯優於電視節目。這顯示對α世代而言，免費影片比電視節目更能提供在人際溝通上所需的相關資訊。

除此之外，約有六成的 α 世代尚未擁有自己的社群帳號。在擁有社群帳號的人中，持有率最高的是 LINE，主要用來跟家人和朋友聯繫（見上頁圖表 2-9）。

後續的線上訪談調查顯示，α 世代在觀看免費影片、網路購物或使用其他社群媒體時，通常會使用父母的帳號。隨著未來這些孩子開始擁有自己的帳號，社群媒體的普及度和使用模式可能會出現更大的變化，值得持續關注與研究。

2 不同世代間的資訊來源比較

在二〇二一年十二月與二〇二二年四月，我們對十四位 α 世代的青少年進行線上訪談，希望藉此了解他們日常消費行為的資訊來源以及實際狀況。

調查結果顯示，Z世代首要資訊來源是與朋友的對話，其次則是 YouTube。訪談中問到：「當你想買某樣東西時，會如何搜尋相關資訊？」多數受訪者表示，對特別感興趣的玩具或遊戲，他們會透過 YouTube 上的實況影片確認相關心得和細節。

隨著 YouTube 的使用逐漸融入生活，許多家庭也將其納入日常的使用規範，與電視（包含串流影音服務）、電玩遊戲並列為三大主要限制對象。

這些限制不僅包含使用時間，也包括內容上的管控。例如，設定只允許孩子觀看符合年齡的影片，或是由家長親自檢查影片的內容。這麼做的原因，除了擔心影響課業和才藝，更多的家長反應，YouTube 的推薦和留言功能會不斷推送新內容，使孩子

圖表 2-10　不同世代間資訊來源的比較

資訊來源	α 世代	Z 世代	Y 世代
主要	在對話間得知新的影片，或對朋友擁有的東西產生興趣。	每天切換使用多個 Instagram 帳號超過 3 小時，以日記形式將日常生活發布在限時動態。	查詢資訊時，會先用 Google 搜尋，主要查看官方網站的資料。
次要	觀看相同年齡層 YouTuber 或遊戲實況主所分享的玩具及電玩遊戲影片。使用的裝置通常是智慧型手機或 Nintendo Switch。	切換使用多個 X 帳號，主要用於蒐集資訊。	訂閱 YouTube 官方頻道並定時確認。會搜尋網友心得，再觀看相關評論影片。
		相較於 Google，更常用 YouTube 搜尋感興趣的內容，且容易因推薦清單而不自覺的長時間觀看。	切換使用多個 X 帳號，主要用於蒐集資訊，並且廣泛追蹤各類官方帳號。
其他	偶爾借用父母手機觀看 TikTok，LINE 則主要用來聯繫家人或親密好友。	在 TikTok 上隨意瀏覽音樂和影片，LINE則主要用來聯繫家人或親密好友。	每天上網瀏覽 Instagram 1～2 次，LINE 則主要用來聯繫家人或親密好友。

無法自制的長時間觀看，導致視力下降，也擔心有太多無法事先審核的內容，影響孩子的行為模式等。

相比之下，Z世代的首要資訊來源是Instagram，其次同樣是YouTube，這顯示出影音媒體已成為影響消費決策的重要因素。此外，也有許多Z世代表示，會使用X來蒐集感興趣的相關資訊。

3 現代孩子還看電視嗎？

不同的裝置和服務項目，能接觸到的資訊不同。α世代自幼便處於能接觸多種裝置的環境，這使得他們能夠更主動的依照自己的興趣來篩選資訊，並合理規畫時間。我們根據裝置與服務項目的使用特徵，將α世代區分成幾種不同的類型，期望進一步了解。

二〇二一年一月至二月，我們針對全國十歲至四十歲（包括α世代、Z世代及Y世代）共五千四百人進行相關網路調查。調查內容包括日常使用的裝置與觀看時間，並根據結果進行聚類分析（Cluster analysis）[1]，將α世代區分成四種類型。

1 亦稱集群分析。把相似的對象分類成不同組別或者更多的子集。

我們針對自主選購商品時的消費意識、校園生活態度（如日常校園生活與對未來的期望）、學習時間、家庭關係等面向比較和分析，整理出四種類型的 α 世代生活概況（見左頁圖表 2-11）。雖然裝置與服務項目的使用方式，未必會直接影響價值觀，但它們確實能展現出 α 世代的生活方式與資訊接觸習慣，為制定溝通策略提供一定的參考價值。

類型一：愛看電視節目的孩子

占比約二七％，這類型的 α 世代會花比較多的時間收看電視節目或錄影節目。他們對學校的態度非常正向，在體驗學習的樂趣、規畫未來升學等，都比其他類型積極。

他們的**消費偏好集中在持續購買目前使用的產品，對新商品比較不感興趣**。此外，這個類型的孩子對出國留學的意願最低，展現出較為保守的性格，多數家長也傾向不過度干涉教育，讓孩子自由成長。

圖表 2-11　α 世代的四大消費類型

重視未來規畫的孩子 (32%)		愛看電視節目的孩子 (27%)
在觀看電視節目及影片、電玩遊戲上的時間最短，使用的裝置種類最少。	服務、裝置的使用習慣	平日和假日都會花大量時間收看電視節目與錄影節目。
不容易衝動購物。	消費意識	偏好持續購買目前使用的產品，對新商品較不感興趣。
喜歡學校，認為從排名較高的學校畢業十分重要。	學校與學習態度	喜歡學校，但對出國留學的意願較低。
對教育極為重視，會細心指導孩子完成課業。	家長類型	不干涉教育，讓孩子自由發展。

愛打電玩的孩子 (12%)		愛看影片的孩子 (29%)
花大量時間打電玩遊戲及使用平板觀看免費或付費影片。	服務、裝置的使用習慣	大量觀看免費及付費影片，且使用多種裝置。
較容易衝動購物，重視充實有趣的日常生活。	消費意識	對新商品的興趣高於目前使用的產品。
對上學及課業討論活動較為消極，較無法體會學習的樂趣。	學校與學習態度	對學校活動的參與度偏低，出國留學意願較高。
經常嘗試不同的教育方式。	家長類型	不干涉教育，讓孩子自由發展。

※插圖為示意圖（插畫／popman3580）

類型二：愛看影片的孩子

占比約二九%，這類型的 α 世代會花較多時間用電視觀看免費及付費影片，使用的裝置種類也最多。他們對學校的態度較為消極，例如不喜歡參與運動會等活動，甚至不太樂意每天去上學。他們在消費上**對新商品展現出高度興趣，並對目前使用的產品續購意願不高**。他們對出國留學的意願最強，表現出冒險精神。家長同樣以自由成長為教育方針，不會對孩子施加過多的壓力。

類型三：愛打電玩的孩子

占比約一二%，他們熱衷於各種電玩遊戲，並且會花費大量時間用平板觀看免費或付費影片。他們對學校的態度較消極，不太喜歡參與課堂上的討論，也不覺得學習特別有趣。從學習價值觀來看，他們對解題過程的興趣明顯低於其他類型，表現出不喜歡框架式學習的傾向。此外，他們比其他類型更**容易衝動消費，並且格外重視讓生活更加充實、有趣**。這類型的孩子通常性格樂觀，傾向於享受當下。家長則會嘗試各種教育方法，試圖找到最合適的方式來教導孩子。

類型四：重視未來規畫的孩子

占比約三二％，這類型的孩子花最少時間觀看電視節目、影片及電玩遊戲，可使用的裝置數量也是所有類型中最少的。他們對學校抱持積極的態度，特別重視是否能從知名學校畢業。此外，**在消費行為上也較為謹慎，不容易衝動購物，並展現出重視未來規畫的務實性格**。家長則普遍極為重視教育，會細心督促孩子的課業。

4 不知道商品名稱，也能馬上找到

接下來將探討α世代的消費觀。在本次調查中，研究團隊首先問他們在自由選購商品時優先考量的標準（見下頁圖表 2-12）。

其中，**選擇「個人喜好」比例最高**，顯示出他們傾向根據喜歡的偶像消費。**其次是「曾經想要但沒有購買的東西」以及「近期的高人氣商品」**，這兩者反映出他們時常透過與周遭人們的互動，發掘感興趣的事物。相較之下，Z世代傾向購買生活必需品，接著才是自己喜歡的事物。此外，Z世代選擇「看了影片或社群媒體後想購買的商品」的比例，也略高於α世代。

為了深入了解α世代如何接觸到自己喜歡的商品，並實際消費，我們安排了深入的訪談與調查。調查中提供略高於各世代每個月平均零用錢的金額，作為調查費用，模擬特別消費（計畫性選購）的情境，讓參與者在指定期間內消費，之後再透過

圖表 2-12　各個世代購物時優先考量的標準

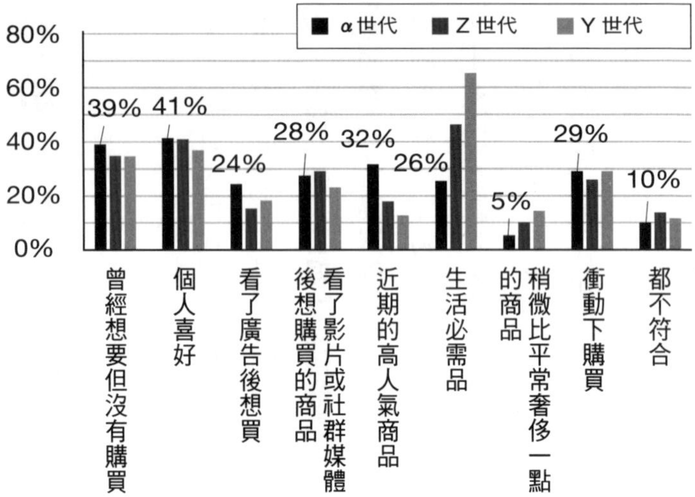

線上訪談了解他們的購物行為。

根據調查發現，**α 世代通常會從和朋友的對話或 YouTube 的實況影片中，發現想要的商品。**但多數情況下，這些商品的價格會超過零用錢可負擔的範圍。因此，他們會跟父母借用智慧型手機或平板，在購物網站搜尋，並把商品加入願望清單，等到生日或獲得不錯的考試成績等時機，再向父母展示，然後跟父母一起瀏覽官方網站或評論欄，最終決定是否購買。他們很清楚該如何透過購物網站，快速找到想要的商品。

圖表 2-13 世代間消費行為的比較

由於 α 世代平時無法購買較昂貴的商品，他們會將其加入網路店家的收藏或願望清單。Z 世代則會參考社群媒體的推薦，接觸到感興趣的商品，並在多次接觸之後比較和考慮。雖然跟 Y 世代在比較、考慮的方式上沒有太大差異，但所需時間明顯不同。

α 世代

從與朋友的對話、YouTube 影片、電視廣告中，接觸到感興趣的商品。

⬇

由於平常零用錢買不起，為了在生日或考試成績優秀時請求父母購買，會先將商品加入購物網站的願望清單。

⬇

有適當的購買時機時，會用 Google 搜尋相關評論確認。若是現場選購，則會跟父母一起比較質感或尺寸。

⬇

獲得父母同意，完成消費。

⬇

因尚未使用社群媒體，主要會跟朋友實際遊玩、分享商品體驗。

Z 世代

在 Instagram 上看到感興趣的商品時會截圖保存，也會觀看在 YouTube 首頁出現的實況影片。

⬇

會多次接觸感興趣的商品
重複出現在 X 時間軸、Instagram 推薦頁面，或朋友話題間的商品。

⬇

為購買商品詳細比較
包括使用 Google 搜尋、查閱官方網站、購物網站與價格比較網站等的評論，以及重複觀看 YouTube 實況影片。

⬇

決定要買的時候才會走進店家。

⬇

分享到社群不是為了獲得按讚數，而是單純以日記形式記錄、分享。

Y 世代

想買的高價商品，通常與現有的產品或品牌相關。

⬇

使用 Google 搜尋、查閱官方網站，參考、整理及比較網站上的內容。

⬇

確認網路評價
包括家人或朋友的意見、官方網站、Amazon、價格比較網站上的評論、YouTube 開箱影片與 X 上網友的購買心得等。

⬇

通常不會線上購買高價商品，而是前往實體店面確認後再決定。

⬇

會把購買的商品分享到社群，希望能獲得一定的關注。

有些孩子甚至知道父母已經在購物網站綁定信用卡，就不多考慮金額，直接結帳。另外，值得留意的是，α 世代能夠直覺的運用推薦功能。即使不確定具體的商品名稱，他們也懂得如何透過關鍵字搜尋，找出類似的商品，再從網站的推薦商品中找到自己想要的物品。

這些技巧不需要父母教導，他們從小學低年級開始就能靈活運用這類搜尋功能。操作智慧型手機連進購物網站，輕鬆掌握願望清單與推薦功能的使用方法，α 世代對數位工具及相關服務的高度適應力，再度令人為之驚嘆。

以下介紹幾位在購買行為上頗具特色的 α 世代代表。

案例一：善用「購物車」功能的國小四年級女孩

幾個月前，這位小女孩想要一副耳環，便跟媽媽商量，但媽媽只有耳針式耳環，沒辦法借給她。

於是，女孩借用媽媽的智慧型手機，在日本電商平臺樂天市場搜尋耳環類商品。找到心儀的耳夾式耳環後，就將其加入購物車，但媽媽告訴她：「過陣子再買吧。」

案例 1
善用網站「購物車」功能的國小四年級女孩

年齡	9歲
學年	國小四年級
家庭成員	父親、母親、妹妹
常使用的資訊工具	TikTok、YouTube、電視
最近的興趣	Nintendo Switch 與平板電腦上的遊戲 Nintendo Switch 上的《麥塊》 平板電腦上的換裝遊戲

	產生興趣的契機	購買計畫	購買決定	購買後的心情
耳環	【幾個月前】 打算跟媽媽借耳環，但發現媽媽只有耳針式耳環。	**把商品加入購物車** 平時習慣在樂天搜尋喜歡的商品，或是在電視上看到的物品。加入購物車後，等適合的時機請媽媽購買。	**直接從購物車結帳購買** 她從購物車中選擇購買之前加入的耳環，感到非常開心。	想跟媽媽和朋友們開心的炫耀：「你們看這個！」
玩具	【最近】 有一次，朋友帶新玩具到公園給她試玩。該玩具能伸縮的手感讓她覺得很有趣，心想：「原來還有這種東西！」	**在網路上搜尋類似的關鍵字** 她不知道這款玩具的名字，於是在樂天市場上搜尋「Pop It」，並找到相關商品，這才得知玩具的正式名稱。	**直接從購物車結帳購買** 搜尋到正式商品名稱後，她把玩具加入購物車，並和媽媽討論、結帳購買。	玩具送到後，她覺得玩起來的手感既舒服又有趣。

（插畫／ROROICHI）

因此，她把耳環留在購物車中，等待適合的時機。就在本次調查中，她重新讓媽媽過目購物車中的耳環，並順利說服媽媽購買。

案例二：用手機完成搜尋與購買流程的國小二年級男孩

這位小男孩平時能自主使用家中共用的平板電腦，所以也會自己操作需要付費的應用程式。在本次調查中，他透過 Amazon 搜尋「恐龍」，找到一款滄龍的模型。他仔細閱讀商品說明中的尺寸資訊，並用自己的尺測量確認之後，直接透過已經設定好的「一鍵購買」功能結帳。事後才告訴家長。

此外，隨著 YouTube 成為 α 世代常見的資訊來源，他們的購物方式也因此產生變化。

案例三：在 YouTube 觀看通關影片後，才購買遊戲的國小四年級男孩

這位小男孩從 YouTube 廣告、店家的遊戲區，以及 YouTube 的遊戲實況發現一款新的電玩遊戲。他隨後在 YouTube 上觀看了整個遊戲的通關流程，也大致了解通

案例 2
用手機完成搜尋與購買流程的國小二年級男孩

年齡	8歲		
學年	國小二年級	**常使用的資訊工具**	YouTube、網路
家庭成員	含父母共6人		
最近的興趣	迷上《麥塊》，很想要遊戲中的道具（礦石或寶石），也時常觀看《麥塊》的實況影片。		

	產生興趣的契機	購買計畫	購買決定
計畫性購買流程 遊戲A	【最近】 **在YouTube與店家接觸到相關資訊** 在YouTube廣告和電玩店的實況影片中看到遊戲A。	**Amazon搜尋與購買流程** 自己在Amazon上搜尋。因為購物設定為「一鍵購買」，所以很快就完成了購買流程。 他還請大哥幫忙計算，能不能將購物金額剛好控制在10,000日圓，覺得這個過程很有趣。	
非計畫性購買流程 遊戲B	【調查前】 對事先調查的行為感到興奮，並搜尋「恐龍」這個關鍵字。	**Amazon搜尋與購買流程** 在Amazon上搜尋「恐龍」，購買了一款滄龍的模型。 他閱讀商品頁面的規格，拿起尺測量確認尺寸後，就擅自結帳購買。	

（插畫／ROROICHI）

案例 3 在 YouTube 觀看通關影片之後，才購買遊戲的國小四年級男孩

年齡	9歲		
學年	國小四年級	常使用的資訊工具	YouTube、電視
家庭成員	父親、母親、妹妹		
最近的興趣	用Nintendo Switch玩遊戲、觀看影片，通常會透過電視廣告、YouTube以及朋友的推薦得知新遊戲的情報		

	興趣的契機	購買計畫	購買決定	購買後的心情
計畫性購買流程 遊戲A	【最近】**在YouTube與店家接觸到相關資訊** 從YouTube和店家的遊戲展示區看到電玩遊戲A的實況影片。	**看完YouTube上的完整實況影片** 在YouTube上看過完整的實況影片，大致掌握遊戲的通關方法。對於在購買前就得知遊戲內容並不介意，也會用Google搜尋除了遊戲A以外，是否還有其他有趣的遊戲或軟體。		跟玩同一款遊戲的好友們分享。目前幾乎完全通關。由於朋友更早購買且已經通關，他會跟朋友討論，分享遊戲中有趣的部分。
非計畫性購買流程 遊戲B	【最近】使用Google搜尋「Switch軟體推薦」。用智慧型手機查找自己感興趣的內容，覺得某些電玩遊戲看起來特別有趣。	**因預算考量而放棄購買** 一樣花10,000日圓，感覺購買多項商品會比只買一項更開心，因此放棄某些遊戲。覺得平常如果能有更多玩具，生活會更有趣。		

（插畫／ROROICHI）

關方法，充分掌握這款遊戲的有趣程度後，才決定購買。

他不認為自己在觀看過程中被「劇透」[2]，反而覺得能因此確定遊戲從頭到尾都很有趣，更放心的享受這款遊戲。男孩在訪談中表示，遊戲果然跟原本期待的一樣有趣，目前也幾乎通關。

從 YouTube 觀看、確認遊戲的通關過程，對 α 世代來說並不算是一種劇透，反而更像是為了享受遊戲所做的事前準備。這種事先確認的行為，並不會降低他們玩遊戲的樂趣，反而讓他們在實際遊玩後，更能感受到「果然從頭到尾都很有趣」。某種程度上，α 世代比較像是在事前模擬通關，透過分析遊戲內容，帶著理解與策略去享受遊戲過程。

2　透露或洩漏如小說、漫畫、電影或戲劇等作品的劇情內容，通常指故事核心、伏筆或結局。一般認為，讀者在得悉內容後，可能會減少興致。

5 對元宇宙的認知日益增加

到目前為止，我們已經深入分析日本α世代的特徵。那麼，若是以全球的角度來看，日本的α世代又有哪些獨特之處？

二〇二二年十月，我們以亞洲為中心，針對全球十個國家（美國、英國、中國、韓國、印度、印尼、菲律賓、泰國、越南、新加坡）進行跨國調查，涵蓋十歲至十四歲的α世代、Z世代與Y世代，共九千名受訪者（每國各九百人）。其中，各國α世代分別有三百名受訪者（男女各一百五十人）。

調查問題大致跟二〇二二年九月在日本進行的調查相同，但會根據各國實際狀況（例如各國應用程式的使用差異）調整，且遵循各國的年齡規範。此外，我們也從九月的調查數據中，隨機抽出九百位日本國內的受訪者，分析全球共十一個國家的數據。

圖表 2-14　平常能自主使用的裝置平均數量

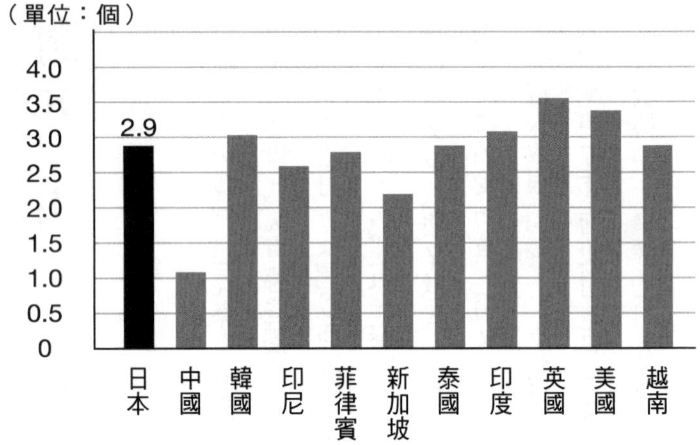

首先，從α世代能自主使用的裝置平均數量（見圖2-14）來看，除了中國以外都沒有太大的差距，顯示出**全球的α世代都生活在多裝置並用的環境中**。

在可自主使用的裝置方面（見左頁圖表2-15），各國之間則存在比較顯著的差異。日本的α世代在智慧型手機及個人電腦的使用率略低於其他國家，電視與平板的使用率與多數國家相等。遊戲機的使用率則與美國和英國接近，在亞洲國家中特別突出。

有關對虛擬空間線上遊戲的認知、興趣以及實際體驗的比例（見第一〇八頁圖表2-16），日本與其他國家幾乎沒有

圖表 2-15　平常能自主使用的裝置

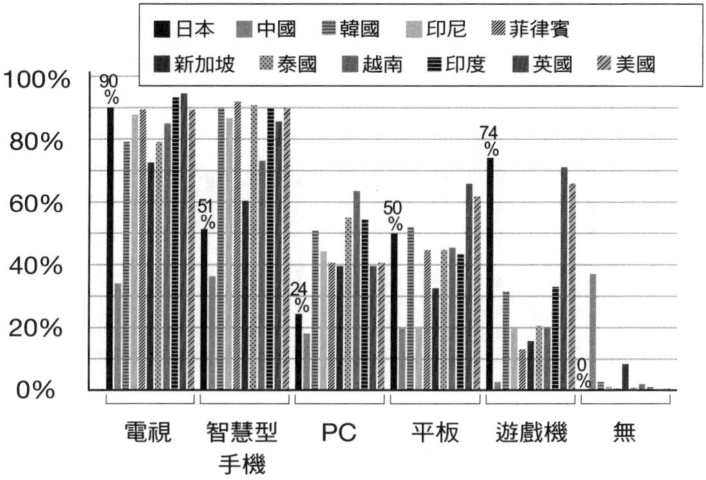

太大差異。雖然對元宇宙的概念的理解程度普遍偏低，但值得注意的是，實際體驗的比例已超越理解的比例，這也顯示出α世代在生活中接觸元宇宙相關內容的機會，有逐漸增加的趨勢。

日本的α世代每天的自習時間，多半集中在「一小時以下」的區間，只有少部分人會達到「一小時至一個半小時」。跟其他國家相比，日本α世代的自習時間較短，尤其在亞洲地區，更是自習時間最少的國家之一。

雖然部分家庭會限制孩子使用數位服務的時間，但看來這些時間並未真正用在學習上。從數據上看來，日本α世

圖表 2-16　對元宇宙的認識、興趣、體驗及理解

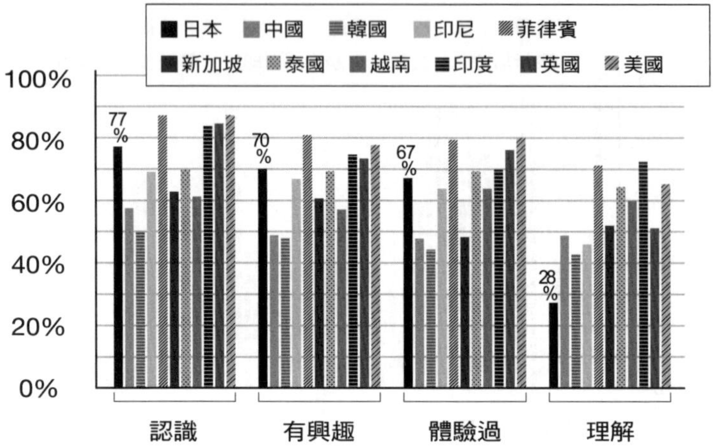

代的自習時間，與遊戲機使用率較高的美國和英國十分接近。這也反映出，傳統坐在書桌前學習的模式，未必能完全符合 α 世代的學習需求。未來，根據他們的裝置使用習慣，設計出適合的學習方法，是一個重要的課題。現今，許多孩子也會透過觀看教育類型的 YouTube 頻道來學習，學習的概念正逐漸改變中。

最後，讓我們來看看家長的價值觀（見左頁圖表 2-18）。日本 α 世代的家長在指導孩子做完該做的事、細心指導應該怎麼做等項目中，比其他國家略低；在執行家庭規矩方面，也顯得相對寬容，例如：不會對同樣一件事有不同標準或經常

圖表 2-17　平均每天自習時間

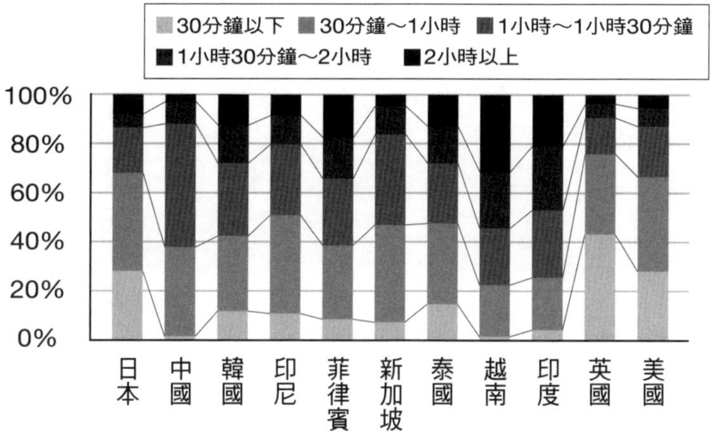

圖表 2-18　家長的價值觀

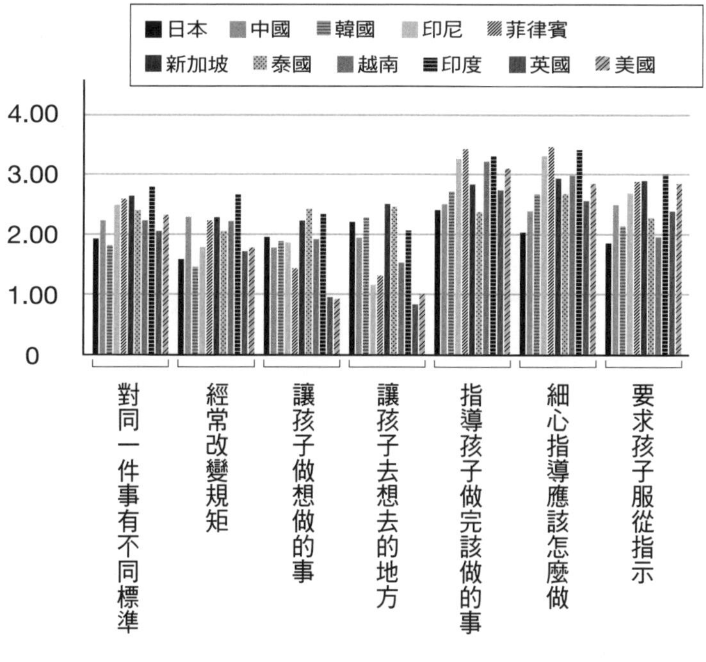

改變規矩，呈現出較高的一致性及穩定性。這代表**日本α世代的家庭環境中，雖然存在一定的規矩，但也會尊重孩子的個人意願**，在使用裝置的規定上，更願意給予孩子較多的自主權。

對談2

世代之間的常識有何不同？

第二章中，我們深入解讀由 INTAGE 生活者研究中心所進行的 α 世代調查結果。在接下來這場對談中，參與調查的研究員分享了更多有關 α 世代消費行為與價值觀的觀察，包括在本章中未提及的故事與見解。

大野貴廣

INTAGE Qualis 研究與洞見部調查企劃專員、主持人。曾任職於ＳＰ公司、BtoB 調查公司，於二〇一八年加入 INTAGE Qualis。透過集團 R&D 中心的Z世代與 α 世代研究分會，以聚焦Z世代為基礎，推動公司內部對不同世代間的比較與研究。

小林春佳

INTAGE 生活者研究中心研究員。專攻生物檢測的市場調查員及顧問，於二〇一九年加入 INTAGE。主要從事新事業開發與市場發展趨勢探索等相關工作。

小々馬敦（以下簡稱小々馬）：從調查結果來看，可以明顯感受到 α 世代確實十分貼近數位科技。

大野貴廣（以下簡稱大野）：沒錯，正如第二章提到，α 世代在網路上的購買行為實在非常有趣。我曾遇過一位小女孩，就算不知道商品名稱，她依然能根據朋友提供的資訊輸入關鍵字，成功找到她想要的玩具。只要利用關鍵字瀏覽相關商品，一步步過濾系統推薦的商品，最終就會找到目標。即使 α 世代對運作原理一無所知，也能自然而然的運用這些功能，而且不用經過他人的指導。

不過，正因為 α 世代是真正的數位原住民，能自由的運用線上服務，這樣的能力也引起學校擔憂，有些學校會因此限制他們的部分行為。例如，在電玩遊戲中跟陌生人組隊可能無法完全避免，但交換聯絡方式或進行語音聊天則會被明確禁止。

小林春佳（以下稱小林）：我的孩子還在念小學，在每次放長假之前，學校總會提醒學生要遵守一些規定，以避免引發網路上的各類糾紛。

大野：α 世代自出生起就處於數位環境之中，因此對數位科技比較有親切感。不過，也因為年紀還小，他們的數位素養還沒有完全跟上，容易陷入各種網路衍生出的問題。

小林：在訪問α世代的時候，我發現他們對官方或非官方的社群媒體帳號，還沒有很明確的認知。但另一方面，他們似乎又能根據追蹤人數來判斷資訊來源是否值得信任。

大野：假如 ChatGPT 成為最多人使用的工具，是否也代表α世代可能會毫不懷疑的接受它的回答？

小々馬：恐怕不單只是α世代，我認為接下來的趨勢是，**AI將會逐漸成為最了解用戶個人喜好與想法的代理人，人們也將透過AI代理人交換資訊**。但是，如果線上溝通需要透過AI，企業就很難直接將資訊傳達給消費者。我想，這也將大幅改變現有的行銷溝通模式。

小林：無論是AI或是企業，只要被認定消息足夠可靠，人們就會傾向把注意力集中在這些來源。

小々馬：Z世代通常會在不同平臺上搜尋各種資訊，努力找出最適合的解答。相較之下，**α世代似乎認為，花費太多時間尋找答案是缺乏生產力的行為**。他們傾向於找到一個值得信任的媒體、工具或機構，並以這些資訊來源為基礎進行相關活動。

因此，在α世代形成價值觀的年幼時期，企業或許可以透過商品或服務，在不同場合與需求創造接觸機會，建立「這個企業或品牌的資訊值得信任」的形象，以期發展未來的商機。

α世代為什麼不在乎被劇透？

小林：這與成果導向的理性主義有關，且α世代對TP值的追求格外強烈。現在的學校作業經常要求學生發想創意，再加上α世代平常要上不少才藝課程，跟Z世代相比，他們的生活更加忙碌。也因為重視TP值，我兒子就經常邊看電視，邊用平板播放電影，還同時玩《瑪利歐賽車》（*Mario Kart*）。

小々馬：在這個資訊量爆炸的時代，想做的事必然也增加不少。一旦被某件事占用時間，其他想做的事就沒辦法完成，這大概是他們重視TP值的原因。所以，α世代不太愛看冗長的內容，或是沒辦法倍速播放的直播節目。

小林：他們還會想先知道結局，再回過頭去看前面的內容。或是先了解故事的發展和結局，再帶著「對答案」的心態觀看，似乎這樣反而可以愉快的看上兩個小時。

大野：我們在訪談中遇到一位小男孩，他在看過遊戲全程的實況影片後，才去買遊戲軟體。我問他：「你實際玩過之後覺得怎麼樣？」他回答：「能模仿實況主的方式去玩，感覺很有趣。」對他來說，樂趣不是來自未知的故事情節，而是模仿的過程。**對α世代來說，被劇透非但不是損失，反倒是一種新的體驗。**

小林：Z世代習慣使用倍速功能觀看影片，α世代則傾向於在知道結局的情況下觀賞內容。最近，連載結束的漫畫還能持續引發熱潮，甚至在改編成電影後成為票房大作。即使大家都知道劇情和結局，仍然樂於觀賞。

小々馬：Z世代為了盡量避免做出錯誤的決定，傾向於事先查閱相關資訊，並設法縮短專注在同一個資訊的時間。然而，α世代對這件事的心態似乎有些許不同。

小林：我發現α世代會先看遊戲實況，了解遊戲的大致內容後，再決定是否想玩這款遊戲。這種不同的判斷方式其實很有趣。

小々馬：從訪談中可以感受到，α世代習慣在網路遊戲中拉遠視角，從全局來觀察整個情境，這種能力跟後設認知有關。他們擅長從較遠的觀點來審視事物，並根據整體和結構考量利弊得失；相比之下，Z世代更容易完全投入單一事物中。

正如本書後半部分所探討的，**針對這個世代的客群設計行銷規畫時，行銷人本身也需要具備後設認知能力。如果單純只從「我（企業）」與「你（顧客）」的角度出發，過度貼近需求，反而會讓消費者產生壓迫感。**因此，應該考量的不僅是自家企業，也包括競爭企業及消費者周遭的人際關係，思考如何讓整體處於「正和共存」的狀態，才是未來行銷策略的最大重點。

別人更厲害，也不會羨慕

小林：我認為，Z世代與α世代對於多樣性的認知也有所不同。對Z世代來說，多樣性似乎帶著一種「必須接納」的義務感；而對α世代來說，他們可能只是單純認為「不一樣很有趣」，理所當然的接受他人與自己不同。

小々馬：每個世代對常識的認知都有所不同。不論是X世代、Y世代、Z世代或α世代，**有些概念對某個世代或許是共識，在其他世代中卻並不普及。**

例如，對Z世代而言，環保與永續性已經成為常識，但多樣性的概念則是更高層次的意識，因此會覺得「必須尊重」；相對來說，α世代從小就接觸到多樣性這個詞彙，自然會將其視作常識。這種從「高意識」轉變成「常識」的過程，在世代的更迭中是相當普遍的。

Z世代從小被教導「大家都不一樣，大家都很好」，受的是接納彼此差異的教育。因此，他們強烈意識到，個性就是自己與他人不一樣的因素。但是，在求職或其他場合中被問到「你覺得自己有哪些特質？」的時候，定義自己反而會讓他們感受到壓力。

而α世代對個性或自我特質的理解不太一樣，表達自我的方式也因此有所不同。

小林：我也這樣想。跟α世代的孩子交流後發現，他們在提到某個人時，大都會說「他很擅長打棒球」或是「他會彈鋼琴」。這些都只是單純陳述事實，完全不會羨慕或認為對方比較優越。對他們來說，個人存在差異理所當然，因此也不存在競爭意識，更傾向於認知彼此的特徵。

大野：Z世代對差異太過敏感，他們不願因為談論別人的個性或喜好而引發爭議，所以也總是刻意避免談到自己。α世代則認為大家不一樣是正常的，能夠很自在的公開自己喜歡的事物。

更重要的是，α 世代這種個性不是刻意營造的，而是單純出自喜好。如果沒有特別的興趣或愛好，也會認為這沒什麼問題，展現出一種較為輕鬆的心態。

第二章總結

透過調查，可以整理出日本α世代的幾個主要特徵。

- **日常使用多種裝置，輕鬆享受喜愛的內容**

從全球來看，多數的α世代生活在多裝置並用的環境中。日本在電視、平板和遊戲機的使用率較高，內容也逐漸多元化，他們能在各種裝置上輕鬆觀看喜歡的免費影片。

同時，購物模式也隨著裝置的普及化而改變。α世代的孩子們會利用購物網站的收藏功能，儲存自己想要的商品，並觀看影片確認商品細節，確保「不會買錯」之後才決定購買。

α世代不擔心被劇透，反而認為這是一種為了享受購物所做的事前準備。這樣的過程不但會提升他們的購買動機，也讓整個購物的流程變得更有趣，甚至形成一種儀式感。

● 比起理解，更重視元宇宙的體驗

由於裝置的普及，α 世代已習慣生活在隨時可以上網的環境。調查顯示，日本的 **α 世代主要是透過電玩遊戲來接觸元宇宙。** 他們習慣在遊戲中與陌生人組隊、一起遊玩，這對他們來說是稀鬆平常的事。但為了防範潛在風險，家長會限制使用時間、服務內容，甚至是與陌生人的互動。科技環境的變化，也成為家長們的一大隱憂。

隨著 α 世代陸續建立自己的個人帳號，未來他們的行動將會與元宇宙息息相關，並拓展到電玩遊戲以外的各項服務，這樣的趨勢相當值得觀察。

● 先把喜歡的商品存起來，等待購買時機

α 世代在購物時，最優先考慮自己喜歡和想要的商品。 此外，商品是否受到周遭人的歡迎，也會影響他們的購買決策。與Z世代相似的是，他們的購物標準容易受到影片或社群媒體影響。這也意味著，如果在網路上無法獲得充足的資訊，他們可能就不會將商品列入考量。

α世代的購物模式相當理性，當他們對某項商品感興趣時，會先到購物ＡＰＰ或網站上搜尋，並將商品存到收藏或購物清單，等到生日或考試成績優異等合適時機，再拜託家長購買。

除上述三點之外，α世代也能十分自然的理解、活用演算法，即使不記得商品的具體名稱，**只要輸入模糊的關鍵字，系統也能引導他們找到理想的商品。這樣的習慣可能會讓「商品名稱」及「品牌」在未來的商業活動中逐漸失去影響力。**

第三章

我們不一樣，我們都很棒

1 消費行為深受Z世代影響

本章將探討Z世代與α世代在價值觀與行為上的差異，並分析其變化趨勢。我本身屬於超過花甲之年的新人類世代[1]，與α世代已經相隔了整整半個世紀，並橫跨五個世代。從五個世代以前的視角出發，要正確理解年輕一代的價值觀，確實不是件容易的事。

在世代研究中，即使獲得有價值的資料或數據，分析者如果以自身經驗或既定印象來解讀，就可能因為認知偏誤（Cognitive bias）[2]而得出錯誤的結論。

1 指一九五五年至一九六五年，或一九六〇年代出生的人。在經濟高度成長後的技術革新時代長大，擁有新價值觀和生活方式，因此被稱為「新人類」。

2 在判斷中偏離規範或理性，可能會導致知覺扭曲、判斷不準確、解釋不合邏輯。

為了盡量避免認知偏誤，研究室在分析α世代時，邀請最接近α世代的Z世代協助調查，並比對兩者的不同之處。當我們或合作企業與Z世代得出的結果不一致時，會請對方提出看法。此外，我們也會與α世代的家長及國小老師們進行訪談、驗證，以求更理解α世代特質。

在調查研究Z世代時，我們多次感受到避免認知偏誤的重要性。例如，過去針對「環保消費」成效的問卷調查，只有約二〇%的受訪者表示自己會選購環保商品。面對這個結果，有些人會解讀為「Z世代對環保消費的關注程度並不高」，但這個結論卻引發受訪者的質疑。

Z世代的大學生表示：「被問到是否會選購環保商品時，許多人會回答他們『還沒有做到那種程度』。但是，包括我在內的許多學生，其實平常就已經盡量避免購買不環保的商品，所以不能因此就判斷環保消費沒有成效。」

這個提議讓我們修正了結論：**年輕一代或許不會刻意尋找環保商品，但不環保的商品容易被他們排除在購買選項之外。**一旦被認定為不環保的商品，消費者很可能就不再持續使用。

有趣的是，這次調查還引發我們更深入的反思。一位大學生反映：「我認為，不消費才是真正的環保，因此覺得『環保消費』這個詞有些奇怪。」

另一位則表示：「企業行銷總是會提出像『〇〇消費』這類名稱，但我們其實也很討厭浪費的行為，不會認為自己是在消費，而是購買。」同樣的，他們對良知消費（ethical consumerism）[3]一詞也有類似的感覺，不太能理解什麼叫做「倫理上正確的消費行為」。

我們這個世代的行銷人習慣將顧客視作消費者，並認為購買行為等於消費行為。但各世代對消費概念的認知不同，可能導致分析結果與實際情況不符。與不同世代間實際對話，深入了解他們的思維模式，才能夠獲得真正具參考價值的見解。

接下來將透過Z世代的視角，捕捉他們所感受到的α世代特性。在那之前，我們會先分析兩個有關世代行為特徵的問題。

---

3 購買符合道德良知的商品。一般指沒有傷害或剝削人類、動物或自然環境的商品。

2 約會時間、地點，含糊約定就好

在與企業方談論Z世代或α世代的特徵時，常會有人問到：「這些行為特徵究竟是這個世代特有的，還是反映了整個時代的趨勢？」

面對這個問題，我通常會先解釋：「各個時代生活環境的相似之處，會影響在同一時期成長的世代，使他們的價值觀與行為具有一致的特徵。」並以此為前提，進一步說明：「正因如此，更有必要理解該世代是在什麼樣的生活環境中，建立他們的人格與價值觀。」

所謂的人格，指心理層面的特質。人格通常會在三歲至十歲的童年時期奠定基礎。在進入十歲至十八歲的青春期後，受到周遭環境與人際關係影響，逐漸確立價值觀（對人、事、物的看法）。到了十八歲以後的青年期，該世代共通的行為特徵會更加明顯。

圖表 3-1　從人格發展過程理解世代特徵

理解世代特徵的關鍵，在於觀察童年到青年期各階段的社會背景。

我們在研究X、Y、Z以及α世代時，也遵循這樣的觀點，觀察他們在童年期、青春期和青年期這三個階段，如何逐步形成只屬於該世代的共同特徵。只要能夠理解世代的成長歷程，並結合該時代的流行文化、社會氛圍與生活環境，就能更全面的掌握其行為特徵。

目前，α世代大都仍處於建立人格基礎的童年時期。但接下來，他們將逐漸邁入青春期，開始形塑自己的價值觀。如果想進一步了解環繞在α世代周遭的文化、氛圍與生活環境，可以參考第四十一頁圖表1-3。

未來，我們也將持續觀察α世代在脫離父母、邁向自立的過程中，價值觀與行為模式是否會出現新的變化，深入了解這個世代的成長過程。

另一個較常見的問題是：「現在的大學生，在進入職場並實現經濟獨立之後，他們的價值觀和行為是否會有所改變？」也就是「世代的行為特徵，是否會隨著年齡增長而產生變化？」

以我觀察研究室歷屆畢業生的經驗來看，他們在進入社會之後，價值觀和行為特徵不會產生劇烈的變化。當然，隨著可支配所得增加，跟學生時期相比，消費習慣自然會有所改變。例如：不再像學生時代那樣愛吃吃到飽，反而更傾向品嘗少量但美味的食物。但是，我認為像是「不想浪費錢」的節儉態度是不會變的。

以泡沫世代來說，即使年過五十，依然會特別喜歡名牌商品，甚至偶爾出現衝動購物等行為。這代表一個人在十幾歲至二十幾歲之間，塑造出的基本人格、價值觀和行為特徵，通常會伴隨他們一生，不會因為年齡而有太大的變化，反而會因為結婚、生育或職場環境的變化而有所調整。當生活圈受到影響，自然就會產生變化。

我就是個最好的例子。十年前，我從外商顧問公司的經營者轉換跑道投入教職，生活環境產生了巨大的變化。過去，我的工作從未與大學生有太多接觸，但轉職之後，經過每天的相處，也逐漸改變我對他們的看法和感受。

剛開始，我對許多事情感到非常困惑。例如，**大學生經常會在言談間省略一些字句、發表時習慣一手拿著手機、對會面的時間和地點都含糊決定**等。

但跟他們共同相處幾個月之後，我慢慢理解到那些行為背後的價值觀與環境，也逐漸能夠包容、接受價值觀上的種種差異。

以見面約時間或地點不夠明確為例，是因為他們覺得只要大概決定，當天再用手機聯絡就好。這也反映出他們不想給對方壓力、體貼彼此的想法。了解這一點後，我甚至開始認同：「或許這樣的思考方式，更符合接下來的時代趨勢。」更進一步心生「這些孩子未來將創造出嶄新的社會標準，確實該支持他們」的想法。

我相信，無論在哪個時代，年輕一代的價值觀通常會比上一個世代更符合當下的社會需求，並推動社會進步與變遷。尤其是Z世代和α世代，基本上大都以社會公益（Social Good）為判斷標準，使得上個世代很難對他們的行為提出反對意見。

試著包容年輕一代的想法，並適時調整自身的價值觀，社會才能往健全且持續成長的方向發展。隨著年齡與性別的差異逐漸淡化，年輕世代的價值觀，將對未來社會發揮更強烈的影響力。

3 跟機器人說話比真人自在

接下來將根據我們實際執行的研究計畫，以Z世代的角度，分析α世代與Z世代的顯著特徵差異。

首先，再次介紹第一章提及的「未來．速寫二〇三〇」計畫。這是一項邀請Z世代大學生與α世代小學生，一起描繪未來生活方式的企劃。藉由分享自己所想像的未來，發現彼此價值觀的差異，並以實際圖像呈現自己世代所期望實現的未來社會樣貌，然後將這些成果回報給企業，協助企業實現未來的創新發展。

α世代的代表是小學六年級的學生，他們來自七成課程都用英語上課，採行沉浸式英語教育計畫的群馬國際學院。Z世代則由小々馬研究室的大學生代表參加。整個計畫歷時約三個月，橫跨二〇二二年夏季至秋季，並分成三個階段。

第一天，我們邀請企業研發部門的專業人士，介紹他們對二〇三〇年代未來社會的構想與開發目標。企業成員來自日本電機製造商 Panasonic EW 的「生活・空間概念研究所」、日本電視臺的「日視 R&D 實驗室」，以及 INTAGE 的 R&D 中心等（以上皆為各企業當時的部門名稱），請他們分享有關未來的生活模式、媒體型態及購物方式等展望。

當天，讓大學生印象最深刻的是小學生對科技的高度理解能力。企業所介紹的未來構想涉及ＡＩ與機器人等技術，連大學生要理解都有難度，然而，小學生們卻能自然接受，並了解創新科技的概念。這種高度的科技素養，連現場的企業人士都感到十分驚訝。

到了第二天，我們安排學生們實際動手描繪未來的生活樣貌。以小學生事前準備的「二〇三〇年理想的家與生活方式」草圖為起點，在與大學生交流之後，雙方各自繪製設計圖。

大學生們對小學生的想像力，以及將想法具體描繪出來的精準度和創造力深表驚訝。這種特質的背後，或許與他們平時在《集合啦！動物森友會》或《麥塊》等線上遊戲中，習慣打造出自己的理想空間或世界等經驗有關。此外，小學已經開始推行的

STEAM教育，也有效培養出α世代發現及解決問題的思維，這些都令我們體認到α世代所具備的創造力。

第三天，終於來到發表成果的時刻。這場發表會由日本行銷協會（Japan Marketing Association，縮寫為JMA）協辦，並於自二〇一九年便持續舉辦的「未來・行銷研究會」中，以「引領下一個世代的α世代所帶來的衝擊」為主題。其中包含未來・速寫二〇三〇的發表環節，讓小學生們展示前一天描繪的未來生活藍圖，並向六十家以上的企業報告他們心目中二〇三〇年代的理想生活方式。

在大學生和小學生分享協作過程的心得時，更進一步顯現Z世代與α世代在思維上的差異。那麼，α世代所描繪的未來家庭，究竟是什麼模樣？

小學生們理想中的未來家居生活，首先會著眼於防災機能。他們的簡報從介紹能在發生地震或海嘯等自然災害時，騰空浮起的房屋開始。對這些孩子來說，防災是幸福生活的基本前提，而為了實現這樣的理想，可以在房屋各處充分運用AI與機器人等尖端科技。**α世代的孩子們雖然沒有親身經歷過震災，但透過學校與家庭教育，已普遍具備高度的防災意識。由此可見，確保生活安全無虞是他們心目中幸福家庭不**

圖表 3-1　α 世代所描繪的2030年代理想的家

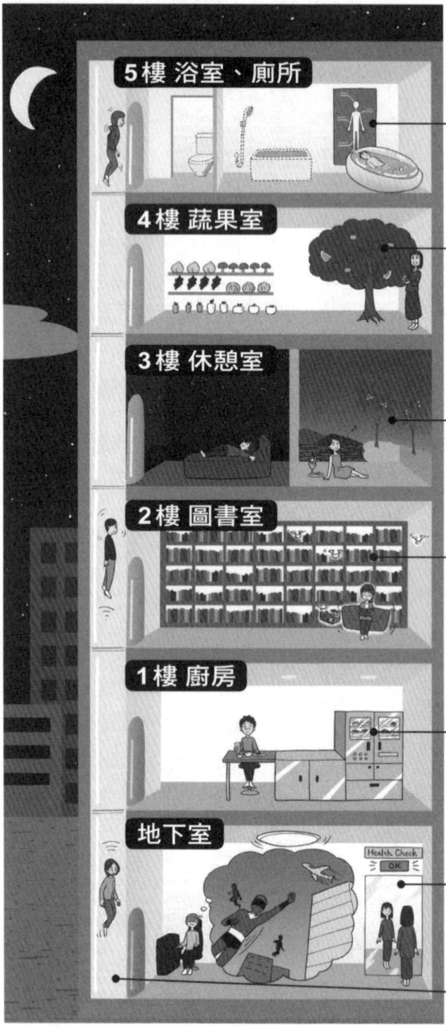

只要泡個澡，就能完成紫外線防護，順便保養肌膚。

專門種植蔬菜和水果的房間，每日所需的蔬果可自給自足。

牆面能即時投影世界各地想去的地方，透過空調系統模擬出當地的天氣與氣溫，讓人彷彿身歷其境。

一間虛擬圖書室，可重現傳統圖書館的氛圍，隨時借閱自己喜歡的書籍。選書的無人機和閱讀沙發皆能自由飄浮在空中。

設置有可調節溫度的冰箱，並配備有自動烹調功能的3D食物列印機。

門口的智慧鏡可自動檢測健康狀態。虛擬房間則能隨時進入虛擬空間，享受娛樂或遊戲所帶來的沉浸式體驗。

全屋設有無重力電梯，可在樓層間自由移動。

（插畫／jupachi）

圖表 3-2　Z 世代覺得自己與 α 世代的差異

Z 世代	α 世代
共通點：對社會議題高度敏感	
強烈的貢獻導向 希望能對社會有所幫助 ・對 AI 及讓生活更加便利的機器人技術心存疑慮。 ・明確區別現實與虛擬空間。	**強烈的成果導向** 希望得出具體的答案和解方 ・將 AI 與機器人視作能夠靈活運用、幫助人們解決問題的工具。 ・不會刻意區分現實與虛擬。
人際導向 與機器人對話會感到不自在，較信任人與人之間面對面交流所獲得的資訊。	**人性導向** 只要能夠感受到對方的「人情味」，即使是機器人也能自在交流。

可或缺的基礎。

除了防災機能，這些未來的住宅還具備管理家人健康、協助實現個人目標，以及享受舒適生活且不額外造成環境負擔等多元功能。

Z世代大學生們在經過一段時間觀察後，感受到雙方最大的差異在於α世代「一定要得出答案」的強烈意念。雖然兩個世代都對社會問題十分敏感，但Z世代傾向於為社會貢獻，而α世代則更專注在該如何解決問題的成果導向思維。

除此之外，Z世代大學生們也表示，他們深刻體認到，兩個世代間還存在其他差別。

第一，是**科技的認知差異**。如第一章提到，Z世代成長於各式科技逐步滲透社會的過渡期。這段期間，他們曾因為摸索、使用科技而產生負面經驗。因此，Z世代其實對新科技懷抱一絲不安和疑慮，對於未來是否需要進一步導入AI或機器人來提升生活便利性，態度相對保守，甚至有些懷疑。相較之下，α世代自出生以來科技早已普及，他們自然而然的掌握相關技巧，並將其視作能夠輕鬆上手的便利工具。

第二，是**現實與虛擬空間的認知差異**。Z世代認為，虛擬空間的經歷並不等同於現實世界中的體驗。而在日常生活中，頻繁透過遊戲等線上平臺與朋友互動的α世代，則抱持不同的觀點。在他們的認知中，虛擬空間與現實空間已經融為一體，兩者都是自己生活的世界。α世代在想像未來的家時，常會加入「虛擬房間」，讓自己能隨時進入虛擬空間享受娛樂。這反映出對α世代而言，虛擬世界早已成為生活的一部分，他們能夠自在穿梭於現實與虛擬之間。

第三則是最令人感興趣的差異——**核心價值觀**。Z世代追求人際互動，α世代則更注重人性共鳴。

Z世代與AI或機器人對話時會感到些許不自在，偏好面對面跟真人互動，也認為直接從人際關係中獲得資訊，是較可靠的方式。這種價值觀即人際導向，重視來自真實人類的信任感；反觀α世代，他們早已習慣在線上遊戲中與朋友的虛擬角色互動，這種交流對他們來說，就像是現實世界的延伸。因此，**即使對象是AI或機器人，只要能感受到背後人性的一面**，α世代也能順利與其對話，毫不排斥，也就是具備強烈的人性導向。

這項發現為接下來將詳述的網紅行銷模式，帶來了全新的啟發。從人際導向進化為人性導向，影響的可能不只α世代，也將更廣泛的在各世代間蔓延開來。

近年來，越來越多企業導入AI聊天機器人（自動聊天程式）提供線上服務。老實說，我過去也認為「跟機器人對話能有什麼幫助？」但在實際使用後，卻發現跟致電客服中心與真人溝通相比，和機器人對話反而能更快解決問題，不但不需要等待，雙方也無須以過多的禮節應對，少了許多溝通上的壓力，感覺更加輕鬆自在。

4 資訊搜尋行為上的差異

「不想因為資訊量龐大，而在篩選過程中做出錯誤的選擇。」這是我們與Z世代和α世代交流時，經常能感受到的想法之一。事實上，在進行購買意願調查後，我們發現X世代和Y世代也抱有相同的想法，可見這是存在於多個世代間的共同心理。

然而，資訊量龐大究竟指什麼樣的程度？在Z世代之前與之後，資訊量其實存在相當大的落差。Z世代之後的世代，成長過程正逢所謂的資訊爆炸時代。

資訊爆炸，指的是隨著家用電腦與手機等數位設備迅速普及，個人能夠隨時隨地上網，導致全球數據流量在二〇〇〇年代急劇增加的現象。如果用圖表呈現這段時間的數據增長規模，可以清楚看出以二〇〇〇年為分界，全球數據流量激增（見下頁圖表3-3）。

以二〇〇三年為例，當年全球數據流通總量為三十二艾位元組（Exabyte，縮寫

圖表 3-3　全球數據流量的變化趨勢

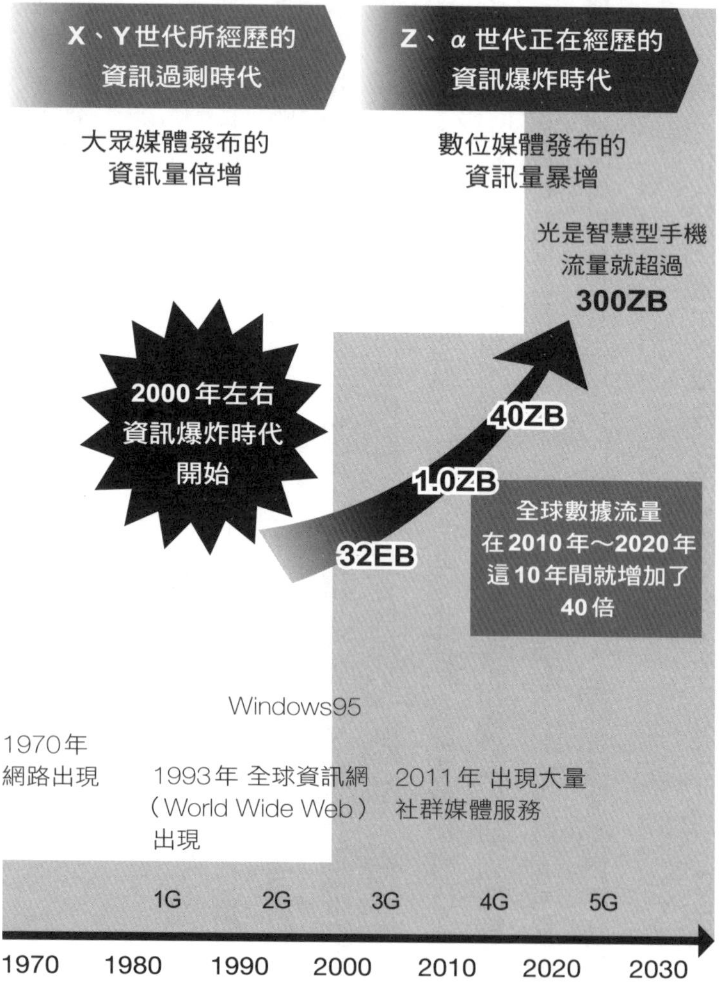

（參考資料：日本總務省《ICT 創新研討會》報告書及《2022 年度愛立信行動趨勢報告》）

為ＥＢ）[4]，是自人類誕生以來兩千年間累積的數據總量——十二ＥＢ——的兩倍以上。到了二〇一一年，隨著 Instagram、X（當時仍名為 Twitter）、YouTube 和 LINE 等平臺的普及，數據流量達到了一皆位元組（Zettabyte，縮寫為ＺＢ），自二〇〇三年以來，增長超過三十倍。

在這段期間，許多Ｚ世代正式擁有屬於自己的智慧型手機，並開始接觸社群媒體。之後，數據流量持續爆炸性成長，到了**二〇二〇年，全球流量達到四十ＺＢ，是二〇一一年的三十倍**。值得一提的是，一ＺＢ的數據量約等於全球沙灘沙粒總數的五十九倍，可說是多到令人難以想像。

瑞典通訊設備製造商愛立信（Ericsson）於二〇二二年所公布的《愛立信行動趨勢報告》（*Ericsson Mobility Report*）指出，未來透過行動裝置流通的數據量將持續大幅增加。預計到了二〇三〇年，光是智慧型手機流通的數據量就將超過三百ＺＢ。

X世代與**Y**世代在一九八〇年至一九九〇年所經歷的資訊過剩時代，主要是由於

4　一ＥＢ為十的十八次方位元組，即一ＧＢ的十億倍。

電視等大眾媒體所發布的資訊量倍增；而Z世代與α世代，更是全天候都能從更多元化的媒體接收到龐大的資訊量，正處於所謂的資訊爆炸時代。

當然，年紀漸長的各世代也同樣生活在這個時代，但對於連日常小事都高度依賴手機和社群媒體的年輕世代來說，接觸資訊的品質與規模，以及他們眼中的世界，都跟年長世代有相當大的差異。

在資訊爆炸的時代，Z世代與α世代在避免做出錯誤選擇的行動策略上，也展現出不同的風格。Z世代傾向透過社群媒體搜尋相關資訊，直到滿意為止；相較之下，α世代更希望立刻得到正確答案，不願意花費太多時間和精神查找資訊。

Z世代不想做出錯誤選擇的心態，令他們在購物時較為謹慎。有位學生提到，這種不想踩雷[5]的心態背後，其實來自「不想讓周遭的人看到」這種尋求認同感的心理需求。那麼，Z世代為此會採取什麼樣的行動？

舉例來說，購買化妝品時，他們擔心產品是否真的適合自己，於是會先搜尋美妝網紅的 YouTube 影片。除了了解產品功效之外，還會觀察在自然光下肌膚所呈現出的色澤，並想像自己使用時的感受。為了確保能夠買到適合自己的商品，他們傾向於尋找和追蹤身材、膚質與自己相似的網紅，而不是已經擁有大批粉絲的名人。此外，為了確認該名網紅是否值得信任，他們還會查看對方 Instagram 過去的貼文，了解其生活細節，或是翻閱X上的留言紀錄，全面蒐集資訊。

即使看到心動的商品，Z世代也很少發生衝動購物的情況。他們會持續蒐集情報，直到確信沒有問題，商品適合自己為止。有時可能也會聽到Z世代說「我一時衝動，就買了個喜歡的東西」，但仔細詢問後就會發現，其實他們早已查過資料，確定符合自己的需求才下手購買。因此，Z世代口中的衝動購物，往往與年長世代所想的不經考慮、出於衝動購買的行為有所不同。

此外，在大量搜尋之前，當他們接觸到感興趣的商品或服務資訊時，通常會先截圖或使用社群媒體的收藏功能，把圖片或影片儲存起來，並標註「可愛的東西」或加上標籤，方便日後回顧、尋找。如果之後回想起來，在翻看這些資訊時仍感到心動，他們就會蒐集更多相關資訊，最後才進入購買決策的步驟。

5 嘗試新事物，多指負面情況。

觀察這些行為，可以發現對Z世代來說，智慧型手機就像是他們的「外部記憶體」。面對龐大的資訊量，他們選擇將資訊儲存在手機中，以減少自身記憶容量的負擔，如此才得以應對資訊爆炸的日常生活。手機之所以片刻不離手，正是因為它已成為他們身體延伸出的一部分，扮演著工作記憶（working memory）[6]的角色，協助處理生活中的種種任務。

那麼，α世代會採取什麼樣的行動？

先前曾提過，α世代普遍會有想立刻得到答案的傾向。對他們而言，透過ＡＩ獲取資訊是再自然不過的事。與其像Z世代那樣花時間四處查詢、自行判斷，α世代更傾向於直接接受信任的資訊來源，將其提供的資訊視作正確答案。但為了避免出錯，他們也會格外謹慎的篩選資訊來源。

而**α世代眼中的正確答案，就是大眾認為正確的事物**。他們不執著於堅持個人的價值觀或傳統意識型態，也不與他人爭執意見，因為這麼做容易耗費大量時間，且難以得出具體的結論或共識。因此，**α世代更傾向於追求對所有人都有益的結果**，並將時間投注在實現這些解方的行動上。

由此可見，α世代擁有強烈的社會公益意識，期望自己能為社會帶來正面影響。美國行銷權威菲利普．科特勒（Philip Kotler）在《行銷 3.0》（*Marketing 3.0*）中就曾提及，隨著社群媒體的發展，行銷的目標將轉向「讓世界變得更美好（A Better World）」。這正與α世代的理念不謀而合。

「對所有人都有益」可以說是體現了中庸之道[7]，而ＡＩ正擅長整合來自社會各界的意見，歸納出中庸的結論。因此，適當運用ＡＩ，有助於發掘眾人普遍認為較理想的方向。

未來，資訊網路體系將以社群媒體為首，從傳統的中央集權模式，逐步進化為自律分散模式。關於這股進化的趨勢，後續也將在第四章提及，Web1.0 時代[8]由

6 一種記憶容量有限的認知系統，用以暫時保存資訊，對推理以及指導決策和行為有重要影響。

7 兩個對立面之間理想的中間狀態。

8 全球資訊網發展歷史上的第一階段，通常指一九八九年至二〇〇四年之間。在 Web 1.0 時代下的網站中，用戶只能單向、被動接受由權威內容服務提供商所提供的內容。

GAFA[9] 主導，這些企業掌握了網路的核心權力，單方面的向消費者發布資訊。進入 Web2.0 時代[10] 後，企業與消費者之間開始形成雙向互動。消費者會以部落格、影音創作等形式擴散資訊，並在線上形成各種社群。

在即將到來的 Web3.0 時代[11]，隨著分散式技術[12] 與區塊鏈[13] 的進步，預計也將出現由社群參與者彼此驗證資訊、提升交易透明度的全新型態。屆時，網路世界將根據不同主題與類別，建立起具備較高可信度的社群。這樣的變化，也可能促使企業的行銷策略逐步**從網紅行銷，轉向打造能維持資訊公信力的社群**。

9 指美國四大科技巨擘 Google、Apple、Facebook（現改名為 Meta）和 Amazon。
10 使用者可作為虛擬社群中供應內容的建立者，並透過社群媒體互動。於二〇〇四年延續至今。
11 基於區塊鏈的去中心化線上生態系統。
12 資料分布於多站點、多國家或多家機構所組成的網路，不存在中央管理員或集中資料管理。
13 藉由密碼學與共識機制等技術，建立與儲存龐大交易資料串鏈的網路系統。

5 帳號即社群

前面提到，Z世代與α世代雖然都會有不想做出錯誤選擇的心態，但他們避免失誤的方式有所不同。接下來，我們將探討在世代變遷的過程中，行銷領域在未來的二〇三〇年代可能出現的重大轉變。

在我看來，**洞察行銷策略的關鍵，在於理解人與人之間的連結（即社群的形態），以及人們如何表達自我（對自我認同的感知）**。在思考未來可能發生的變革時，這兩個面向都不容忽視。

我們如今所處的社會，現實與虛擬的界線已逐漸模糊。隨著AI與ICT的進化，加速了社群的多元發展。以行銷人的角度來說，如何設計出讓消費者能在現實與虛擬之間輕鬆切換的體驗，將成為十分重要的課題。然而，目前的行銷人員雖然能設計出顧客體驗（Customer Experience，縮寫為CX），但表現方式往往容易從企業的角度出發，這仍是現今市場中存在的問題之一。

現今的行銷策略，多半是結合運用自有媒體（如企業網站）、付費媒體（如廣告）及口碑媒體（如宣傳、使用者生成內容〔User-generated content，縮寫為UGC〕[14]）三種框架，與消費者建立聯繫。

這種三重媒體策略的架構，原本是為了讓廣告主在分配媒體預算時有所依據，但就消費者立場而言，這只是企業端的行銷策略，與自己的需求並沒有太大關聯。這種方式或許能為企業帶來高效益，但站在消費者的角度來看，卻可能感覺自己被特定資訊「追蹤」、甚至是強迫推銷，很難達到舒適的購物體驗。

然而，到了以Z世代與α世代為核心消費族群的二〇三〇年代，這樣的狀況很可能出現變化。這兩個世代對於來自社群媒體，也就是線上社會的壓力十分敏感。因此，**企業無法再將傳統媒體視為主要溝通管道，行銷策略可能必須將社群設定為起點，打造新的顧客體驗**。

隨著二〇一〇年代社群媒體急速發展，人們能夠透過網路與全球各地的使用者建立連結。X和 LINE 等主要社群平臺的用戶數，在短時間內擴展至數億，甚至是數十億的規模，擁有數億粉絲的網紅也由此誕生。從這個角度來看，網路社群的規模正逐漸擴大，有朝大眾傳媒發展的趨勢。只不過，仔細觀察Z世代就會發現，他們現實生活中的交友圈反而變得比以前更小，所屬的社群規模也漸趨縮減。

接下來，我將從自身經驗出發，談談現代社群媒體與社群間的關聯。

我從二〇一三年開始進入大學任教。投入教職之後，最令我感到驚訝的是，女大學生們會用「咱們」來自稱[15]。據說，這個詞最早是在女高中生之間流行，後來迅速擴散到二十多歲以上的年輕族群。

我發現，「咱們」這個詞，不僅單純代表「我們」，更蘊含志同道合的朋友、一起行動的夥伴等意義。與一般的「我們」不同的是，「咱們」似乎又更強調朋友圈內與圈外的差別，隱約透露一種區別他者的意識，這令我對背後原因產生濃厚的興趣。

當時正值 LINE 和 Instagram 等社群平臺逐漸普及的時期，因此我推測，這或許

---

14 由網站或媒介的使用者貢獻內容。

15 原文為「ウチら」。相較於最常見的「私たち」（我們），是更口語化、非正式的表達方式，通常帶有親密或輕鬆的語氣。

和社群興起有一定的關聯。當手機螢幕上不斷湧現他人的生活樣貌與資訊時，人們開始無意識的將這些資訊區分成「我也有共鳴」與「無法感同身受」的事物與觀念，這種劃分方式便體現在「咱們」這個詞彙中。我認為這不單是我個人的臆測，因為當我向研究室的學生分享這個觀點時，他們也一致回答：「仔細想想，好像是這樣。」

Z世代生活在社群媒體建構的社會中。他們習慣連結多個社群，並從中拓展人際網絡，體會自我成長與自身的價值，這同時也是社會化的一段歷程。對他們來說，加入哪些社群，不只是個人興趣的延伸，也是培養自我認同的重要環節。此外，**由於Z世代成長於社群媒體發展的過渡時期，多少曾在發文或留言的互動中，產生一些不愉快的經驗與壓力，因此學會一些保護自己的做法**。例如：在同個社群媒體上創建多個帳號，藉此調整自己在不同圈子中的互動方式，以與他人維持一定程度的心理距離。

舉例來說，在 Instagram 上擁有多個帳號，已成為Z世代的常態。他們通常會持有主帳號（主要帳號）、分身帳號，甚至可能擁有興趣帳號、宅帳號（用於追蹤、分享御宅文化）等。**平均下來，每個人至少會有二至三個帳號。**

Z世代與小學、國中和高中時期的朋友，即使畢業後不再見面，也仍會保持社群媒體上的連結。在社群媒體普及前的世代，升學或投入職場之後，往往會陸續與過去的同學失去聯繫，並建立新的交友關係。但Z世代就算在畢業後少有實質聯絡，仍能透過社群媒體了解彼此的近況。

他們也會與「點頭之交」保持一定的關係。所謂點頭之交，指的是在校園中遇到時，會簡單點個頭或打招呼的普通朋友。雖然不是特別親近，但這類朋友仍會留在Z世代主帳號的好友名單中。

這類主帳號是Z世代用來與現實生活中認識的人輕鬆互動的地方，貼文內容通常會經過篩選，並保持在「任何人看到都不會覺得奇怪」的範圍之內。這些內容反映出Z世代在意他人眼光的心理，展現他們對社會認同的需求，特別是分享美照或重大事件時，會特別留意文章所表現出的氛圍，以免顯得格格不入。

相較之下，分身帳號只開放給最親近的人——也就是所謂的「固定班底」[16]。這種帳號的追蹤名單受到嚴格限制，僅限能放心交流的摯友。因此，分身帳號上的內

16 班上或一個環境中，固定會聚在一起的小團體。

圖表 3-4　Z世代使用社群帳號的方式

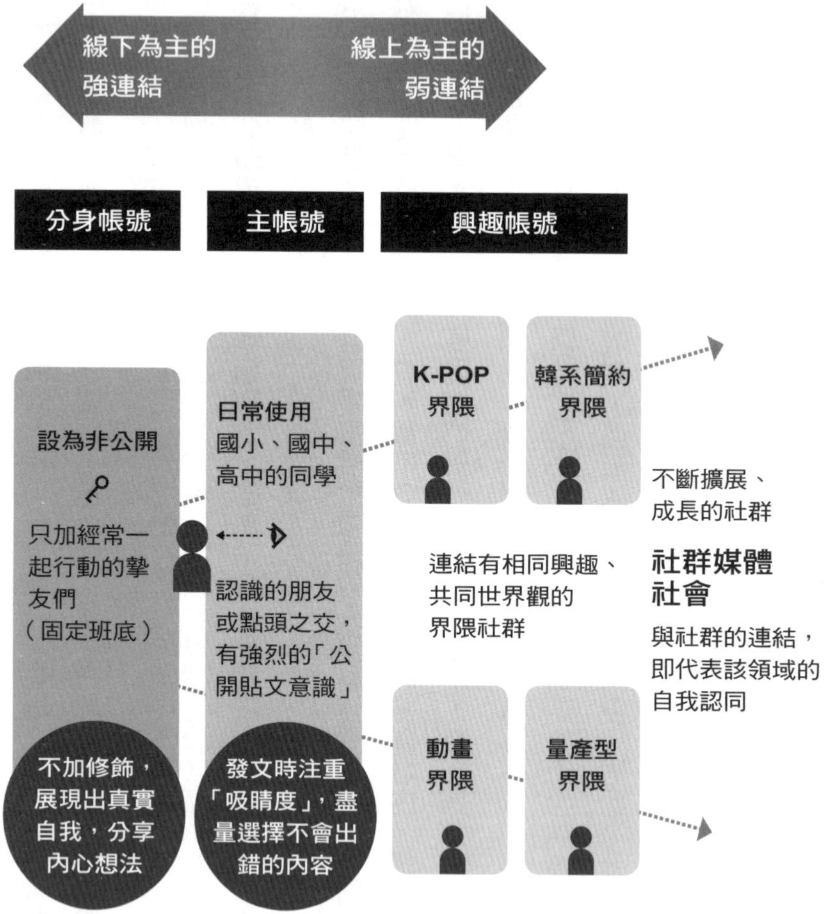

Z世代普遍會經營多個社群帳號，來拓展自己所屬的社群數量。同時，他們與社群的連結，也是種表達自我認同的重要方式。

容會更加真實，貼文內容通常是毫無修飾、完全展現出內心想法的真心話。

除了與現實生活有所連結的帳號之外，Z世代也會創建以線上交流為主、與生活無實際交集的興趣帳號、宅帳號等。近年來，這些**圍繞著共同興趣或偶像所形成的社群，被統稱為「界隈」**[17]。社群媒體上開始出現以興趣或時尚風格等領域的族群，例如K-POP界隈、動畫界隈、偶像界隈、量產型[18]界隈等（見右頁圖表3-4）。

雖然每個界隈的規模不一定龐大，但該領域的消費行為卻深受這些社群的影響。因此，界隈的概念已成為具有市場潛力的重要話題，值得深入探討與關注。

隸屬於日本娛樂公司SHIBUYA109（位於東京、澀谷）年輕族群行銷研究機構「SHIBUYA109 lab.」的所長長田麻衣，曾發表過一則有關《SHIBUYA109 lab. 2022流行大賞》的總結文章，其中提到年輕族群在新冠疫情後的社群觀念，並簡潔易懂的描述Z世代界隈文化，以下為相關內容摘錄：

---

17 日本流行語，指特定範圍或領域的圈子，「〇〇界隈」則用來形容擁有共同興趣或喜好的群體。
18 原指像量產商品一樣隨處可見，現在則用來稱溫柔、甜美，且以淺色系為主的女性穿搭風格。

「『界限』指的是由擁有共同興趣、文化或偏好相似世界觀的人所構成的輕鬆社群，每個界限都有獨特的流行趨勢。在某個界限中備受關注並成為流行的事物，也會逐漸擴散到其他界限，最終形成一股大型風潮，這就是Z世代流行文化的生成方式與特徵。」[19]

如同上述，Z世代超越線上與線下的界線，將生活連結至複數社群。他們能根據不同社群調整自我表達的方式，因此，每個社群平臺帳號都將反映出不同的世界觀。

令人驚豔的是，無論是哪種世界觀，Z世代都能認同這些都是屬於自己、自己喜愛的世界。對他們來說，擁有多樣化的興趣與世界觀是再自然不過的事，參與多個社群也是一種日常習慣。這種多面向的自我認知，以及同時隸屬於多元社群的傾向，都與年長世代的行為模式呈現出明顯的差異。

19 引用來源：〈SHIBUYA109 lab.所長解析！流行與社群重質不重量——只想跟同溫層共享「咱們的界限」〉。https://shibuya109lab.jp/article/221108.html。

6 將生活區分成三個空間

Z世代習慣創建許多社群帳號並個別管理，但α世代或許會覺得這樣有些麻煩。他們更傾向於讓熟悉自我需求的ＡＩ提供協助，挑選適合自己的社群，或是透過ＡＩ來強化自我表達的方式，例如選用哪種虛擬分身來展現個人特色。

α世代從小就習慣在網路遊戲上，使用自己的虛擬分身與陌生人一同遊玩，因此，他們對人際關係以及社群的概念，與過往世代有相當顯著的差異。

現今，這樣的趨勢已初見端倪，隨著人們更渴望減輕社群媒體所帶來的社交壓力，尋找舒適圈（comfort zone）的需求將持續增加。

在這樣的社會背景下，α世代可能將社群區分成三個層面來看待：與家人及摯友等日常生活中有實際接觸的「第一空間」（first place），學校或職場中與同儕、同事間的「第二空間」（second place），讓人感到自在、舒適，能夠自由選擇參與的

「第三空間」（third place）[20]。

α世代的成果導向特質，也將進一步推動界限進化。界限原本指因相同興趣聚集而成的社群，而未來界限的概念，或許將進化為「專案型社群」（project community），不再單純基於共同興趣，而是**吸引認同專案宗旨與社會意義的人們，彼此激勵，一同創造某種成果，近似於群眾募資或應援經濟[21]的概念。**

日本經濟產業省已宣布，計畫將在二〇三〇年以前，全面推動企業容許員工從事副業的政策。而專案型社群的概念，有助於進一步推動這個趨勢，並與二〇三〇年代的「工作方式改革」（work style reform）[22]緊密結合，共同形塑未來的工作型態。

---

20 最初由美國社會學家雷·歐登伯格（Ray Oldenburg）提出，將居住環境定義為第一空間、職場或學校為第二空間，第三空間則是社區。

21 粉絲為了支持偶像或團體而消費。

22 目的是促進彈性工作安排、縮短工時和限制加班。

7 「這最適合你！」標準哪裡來的？

直到二〇一〇年代前，行銷人員所規畫的市場溝通策略，是以大眾傳播媒體及廣告為主。隨著時代變遷，主流媒體的形式從音訊轉換為文字，接著又由文字轉為圖片，如今市場則是以圖片及短影音為主的直覺型視覺溝通模式。

進入二〇二〇年代後，伴隨5G、6G的登場，即使相隔兩地，人們也能同時獲得相同體驗。當人們意識到，跨越國界也能與世界另一端的人有相同經歷時，這種體驗將提升共鳴感與熱情，並在社群內孕育出全新的「情境」，從而增加社會價值。

過去，廣告的基本功能不外乎傳遞與說服。企業大都試圖打造完美的品牌故事或世界觀，以吸引消費者。

但到了這個充滿社群媒體的時代，消費者不再願意單方面接受品牌精心包裝的資訊。相反的，**能讓人們投射自身想法，親自賦予資訊更多價值，並在其中找到符合自**

圖表 3-5　主要媒體及溝通模式的轉變

市場溝通的主流，逐漸轉向誕生自社群的「情境」。

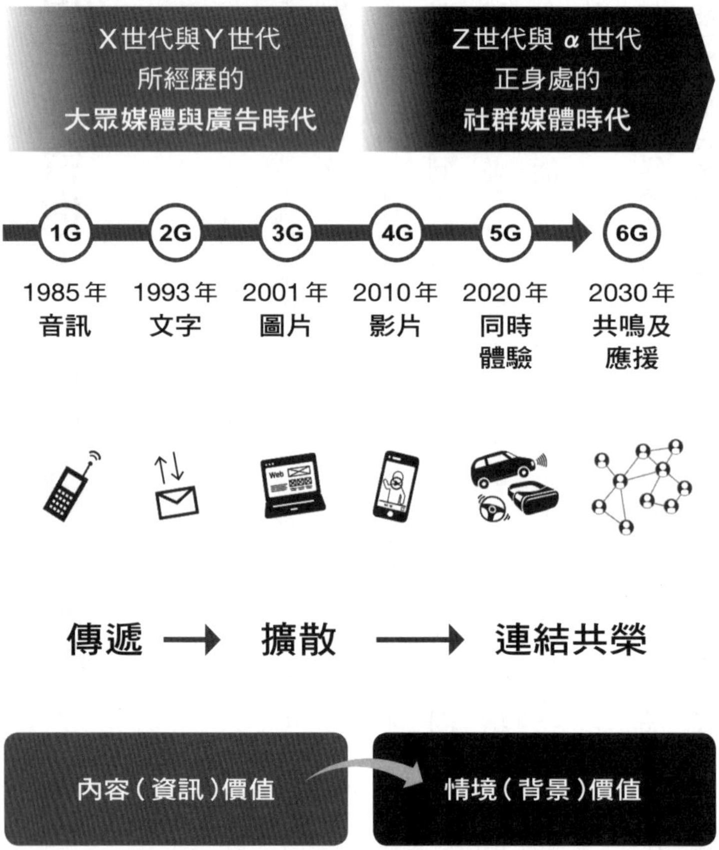

企業的角色，從單純傳遞資訊，轉變為打造情境。

身背景的內容，才能獲得消費者的青睞。

例如：「這是最適合你的商品！」容易讓消費者心生疑問：「這標準是從哪來的？」這種強行推銷的方式，反而會讓人感到排斥。與其這麼做，不如留下一些空白，讓消費者自行填補，進而融入他們的價值觀與情感，更容易被認同。

未來，企業所扮演的角色，或許將逐步從資訊的提供者，轉變成社群創造的支援者。與此同時，行銷溝通的模式也將迎來全面性的變革。

8 我們不一樣，我們都很棒

社群媒體時代，也是一個難以產生自我認同的時代。隨著人們在社群媒體上，越來越常看到他人幸福的生活時，就越容易懷疑自身的獨特性。比起苦思自己的特質，模仿那些看似幸福的畫面反而更加容易。

因此，在社群媒體上，網路迷因[23]（Internet meme）逐漸成為一種流行文化，並且大量傳播。結果造成社群媒體上的內容都極為相似，更導致許多人在這樣的網路環境下，難以對自己的獨特性有自信。

在日本，Z世代經常將「我們不一樣，我們都很棒」掛在嘴邊。這句話出自童謠詩人金子美鈴的〈我和小鳥和鈴鐺〉，曾被收錄在小學三年級的國語課本中，因此多

23 在網路上模仿他人行為並傳播相關資訊。現今華語世界對迷因的詮釋則更接近「網路上的笑料」。

數Z世代都曾經讀過。而Z世代成長於多元價值觀備受推崇的年代，他們可以透過喜歡的髮型、妝容或服裝風格，自由展現自我。

但另一方面，當他們在升學或求職、面試等場合，被問到「你有哪些與眾不同的地方？」等強調差異與個人特質的問題時，仍會感受到壓力與困惑。

「我們不一樣，我們都很棒」的本意，應該是傳達「你就是你，這樣就很好」的訊息。然而，深受多元價值觀教育薰陶的Z世代，對於承認彼此不同則有另一番理解：當他們無法明確表現自己與他人的差異時，就容易感到自己不夠獨特。

α世代則是從出生起，就成長自多元價值觀已受到尊重的社會環境，他們接受的教育也比Z世代進步。因此，他們普遍認同「你就是你，這樣就很好」的想法。

隨著α世代對多元社會的理解能力不斷深化，未來也許將發展出，不再強迫人表現個人特質或獨特性的社會環境。他們或許會塑造出這樣的社會氛圍：**我們不一樣，我們都很棒。但跟別人不同，不是定義自我或展現個性的唯一方式，也沒有必要硬是向他人展示自己的獨特。**

如今，不僅是Z世代，越來越多使用社群媒體的世代，開始對尋求認同感到疲儂，這也正逐漸改變他們對自我認同的看法。例如，可以觀察到以下幾種轉變：

- 從認為「與他人不同，才能彰顯自我」，逐漸轉變成與他人保持一定的距離感，並適度展現自我。
- 與其試圖深入理解對方的感受並展現同理心，保持適當的距離感、尊重對方的感受並同理，才能讓雙方更舒適。
- 雖然表達個人價值觀時可能會引發衝突，但展現自己的世界觀，反而更容易與他人溝通。相較於透過外在風格，更理想的方式是根據對方的觀點與立場，決定是否建立關係。
- 比起擁有的物品及品牌，與什麼樣的人交往，更能反映一個人的身分。

由於上述的變化，基於不同客群特點設定目標客群的STP[24]行銷理論已逐漸

24 指市場區隔（Segmentation）、目標市場選擇（Targeting）及市場定位（Positioning）。

失去作用。**未來的行銷主流，將以社群內的身分認同為核心，**發展出更貼近消費者內在需求的行銷模式。

對談 3

拍照不喜歡露臉，背景才是重點

自幼便開始使用數位工具、在社群媒體的陪伴下成長的Z世代，能夠熟練運用各種新型態的通訊工具，並展現不同於以往的消費型態，因而備受關注。但是，在成長的過程中，消費行為與傾向也會逐漸改變。透過觀察Z世代的變化，或許能一窺二〇三〇年代，即將深受Z世代與α世代影響的行銷趨勢。為此，我們採訪了SHIBUYA109 lab.的所長長田麻衣。

長田麻衣

現任SHIBUYA109 lab.所長。曾任職於綜合行銷公司，主要負責化妝品、食品及玩具製造商的產品開發、品牌塑造及目標族群設定等職務，因此曾經手市場研究、公關支援等相關事務。其後於二〇一七年加入SHIBUYA109 Entertainment，以負責人的身分成立行銷部，並於二〇一八年五月創立專門研究年輕人行銷的機構「SHIBUYA109 lab.」。

長田每個月都會與兩百位十五歲至二十四歲的年輕人交流，以深入了解他們的真實需求及行為模式。亦活躍於各類公開場合，包括擔任研討會講師、在TBS電視臺節目《HIRUOBI》中擔任評論員。著有《從年輕人的「真心話」打造 SHIBUYA109 式Z世代行銷》（中文書名暫譯），並為多家媒體撰稿、接受相關專訪。

小々馬敦（以下簡稱小々馬）：Z世代所涵蓋的範圍其實相當廣泛，上至二十七歲的社會人士，下至十五歲的中學生。你認為Z世代在不同的年齡層間，是否也存在明顯差異？能否談談其中變化？

長田麻衣（以下簡稱長田）：最大的差異體現在溝通的型態上。我們將Z世代中年齡較長者稱作**「資深Z世代」，這群人的主要通訊工具，是在高中及大學時期流行的Instagram，因此，他們擅長透過靜態圖片溝通。年齡較小的Z世代則偏好使用短影音。**

由於短影音社群媒體逐漸成為主流，他們在解讀非語言的溝通方式上，展現出特別卓越的能力。相對的，他們不擅長以文字溝通，在非必要的情況下甚至不太願意閱讀文字。

之前我造訪國中和高中時，發現超過半數的學生仍戴著口罩，甚至在吃飯時也會反覆取下跟戴上。疫情不但改變學生們的衛生習慣，似乎也影響他們對臉部的認識。在這一代的成長環境中，把臉部遮住似乎是一種常態，因此，我推測他們可能對露出自己的臉感到尷尬。

小々馬：在我的研究室，每年新進的學生都需要交一張自我介紹用的照片，但二〇二三年的新生中，幾乎沒有人繳交素顏照。很多都是經過修圖，或是臉看起來有些模糊的照片，甚至有人用背影照。

長田：對這一代的年輕人來說，**展現自我特色的方式已經不再局限於臉，而是背景呈現的事物**。用這種方式表現的或許不只Z世代，但在這一代似乎特別明顯。

小々馬：是啊，Z世代傾向用背景展現自己喜歡的世界觀，來與人連結或交流。他們的社群規模似乎越來越小，總是跟三至五個好友一起生活玩樂，或是共同完成作業。像過去以一個班級行動的群體單位，現在已經很少見了。

長田：疫情明顯對社群產生相當大的影響，讓人際關係趨向小規模且更深入的連結。年齡和性別已經變得不再重要，年輕人反而會將重點放在如何找到跟自己擁有相同興趣或熱情的人，並與這些人共享那份熱忱。他們只希望能跟真正有共鳴的人分享感受，對於建立新的人際關係則顯得興致缺缺。

即便在疫情解封後，這樣的情況也沒有太大改變。如果想拓展人際關係，他們傾向從現有的社群擴展，而不是直接跳進全新的陌生領域。

小々馬：我們過去在調查X世代到α世代時，曾詢問他們聽到社群時會聯想到什麼。

最多人回答「**恰到好處的距離感**」。他們普遍不喜歡「歸屬」或是「註冊」（成為組織或社群成員、會員）這類詞彙，而是期待與他人保持適當距離，彼此協助、互相激勵的輕鬆關係。這樣的結果同時也出現在其他世代。

長田：界限的概念就很符合他們的需求。常有人問我，界限跟社群有什麼不同。**界限的特點在於，它沒有明確的邊界**，而且核心溫度非常高，這種熱量會漸漸向外擴散，沒有明確的終點。因此，它能夠與其他界限重疊，人們也能自由出入。我認為，這種較為輕鬆自在的連結，正是Z世代所喜愛的人際互動模式。

小々馬：部分企業會建立粉絲社群，目的是持續和喜歡自家商品或服務的消費者維持聯繫。但是，這樣的模式帶有一種「圈養」的意味，這似乎不太符合Z世代偏好的互動方式。

長田：我想，企業不應該再致力於圈養粉絲，而是嘗試創造能夠點燃界限熱情的焦點。最近，我在 TikTok 上看到一個生理用品品牌，覺得是個很成功的例子。

他們的影片用輕鬆的方式，像廣播節目般講述跟經期有關的小故事，成功引起觀眾共鳴，觀眾們也在留言區展開熱烈的互動。這種能夠讓人產生共鳴的內容，不僅能引導觀眾互動，也讓觀看內容的人們自然形成一個輕鬆的界限。

此外，**產品及服務的核心雖然是由企業設立，但在規畫內容時，應該秉持與消費者共同創造的立場**。

我們曾在 SHIBUYA109 lab. 利用 LINE 的公開聊天室，執行過一項名為「109 美味俱樂部」的實驗。例如，我們會在聊天室中提出「推薦適合追星的咖啡廳」等主題，使用者就會推薦一些店家，我們再將這些店家以「大家推薦的追星咖啡廳」為名義，分享在 Google 地圖上。

這個群組沒有設定太多限制，而是輕鬆的邀請，以「有空的時候可以跟我們分享！」的方式吸引感興趣的人。雖然我們會設定主題，但不過度掌控，希望參與者之間能自然的互動。我們也會定期舉辦相關活動，強化他們的歸屬感。

我們特別重視的一點是，不能給予熟悉 SHIBUYA109 lab. 的參與者特殊待遇，而是用同樣的熱情對待所有人。這樣一來，即使是平常較少與我們互動的人，也能輕鬆表達自己的想法。隨著互動逐漸增加，這些人或許最終會成為核心粉絲。

我們創造一個沒有明確邊界的空間，讓興趣程度不同的使用者自由參與，我認為這將是企業未來在營運規畫時的一大重點。

小々馬：這段分享真是太有意思了。簡單來說，就是採取比較輕鬆的方式培養粉絲，如果沒有這段互動基礎，社群也無法持續發展。就算企業針對現有粉絲執行客戶關係管理（Customer Relationship Management，縮寫為ＣＲＭ）[25]，但若缺乏吸引新粉絲的基礎，粉絲群體仍然會逐漸萎縮。

吸收資訊太多，年輕人需要排毒

長田：舉例來說，Vtuber[26]在直播時推廣商品，能成功帶動銷量的原因，不只是因為粉絲想支持自己喜愛的Vtuber。更重要的是，他們喜歡整個Vtuber界限的氛圍，因此即使接觸到業配[27]內容，也比較容易接受，甚至產生想試試看的動機。

未來，**影響消費行為的關鍵之一，就是該界限能否維持熱度以及開放性，不設限、不封閉，讓更多人能夠輕鬆自由的參與。**這樣的開放性才能讓更多人產生連結，使資訊自然擴散至其他界限，進而促進更廣泛的消費。

小々馬：此外，Z世代在消費時，往往會特別關注商品背後的故事。擁有故事的商品，似乎能夠帶來更多的幸福感。

長田：確實是這樣。另一方面，Z世代也經常「即時消費」，例如在TikTok上**看到高CP值、高TP值的商品，或是適合拍照上傳至社群媒體吸引目光的商品，就會立即購買。**他們的消費行為極具即時性，而這種趨勢未來仍會持續存在。

不過，近年來也能夠觀察到Z世代對即時消費的模式開始出現疲態。因此我們推測，到了二〇二四年，「排毒消費」的現象將逐漸浮現。

年輕人會開始尋求親近大自然的體驗，不再盲目追逐快速更迭的潮流，並將目光轉向有助於身心健康的商品；在人際交流方面，也會從過去在社群媒體上分享華麗美照、吸引人群目光，轉向只跟真正親近的人分享生活的模式。當然，即時消費並不會完全消失，但人們對於「排毒」的需求將越來越明顯。

25 透過多個管道全方面蒐集客戶的相關資訊，以了解目標潛在客戶和如何滿足其需求。
26 虛擬 YouTuber。
27 業務配合的簡稱，指與廠商合作推銷或置入產品。

第四章

理解他們，就能理解下一個社會

1 人口負成長未必是壞事

本章將探討二〇三〇年代可能出現的嶄新商業模式，並思考商業人士如今應培養、具備的視野及能力，以因應未來市場的變化。

第三章曾提到，Z世代與α世代已習慣不斷從多元媒體接收大量資訊。與年長世代相比，他們所關注的資訊在數量、品質及觀點上，都存在顯著差異。即使都生活在二〇二〇年代，因為成長背景不同，老一輩與年輕一輩所看到的社會樣貌可能截然不同。我們相信，**從年輕世代的角度觀察社會變遷，能更精準的預測未來社會。**

較年長的X、Y世代與年輕的Z、α世代生活環境上主要有兩個決定性的差異。第一，社群媒體的普及改變了人們連結的方式，使人際關係的本質產生變化；第二，**日本從人口大幅增長推動經濟發展的人口紅利[1]時代，因人口減少，轉變為對經濟與社會制度帶來沉重負荷的人口負債[2]時代。**

從左頁圖表4-1來看，Z、α世代與年長世代所看到的世界是不同的。年輕世代透過學校課程，學習到日本社會的人口衰退問題，並培養思考解決這些問題的獨特觀點及敏感度；相反的，年長世代在成長過程中，由於沒有機會接觸這類議題，因此也比較少思考人口減少所帶來的挑戰。

日本政府大約每十年會公布一次新的國土發展策略。在二〇二一年公布的《國土長期展望》中，已提出二〇五〇年的國土發展方向。這份報告中的日本總人口長期趨勢圖，對成長於人口紅利時代的人而言或許是相當大的衝擊，它清楚揭露出年長世代必須改變自身的社會觀，並聚焦於年輕世代，才能跟上時代變化。

回顧日本自十七世紀以來的人口變化，一六〇三年江戶幕府成立後，人口開始穩定增長，至一八六八年明治維新後，人口進入快速成長期；進入現代社會後，自第二次世界大戰結束的一九四五年，日本迎來戰後嬰兒潮，人口成長速度加快，為日本高

1　因為勞動人口在總人口中的比例上升，所伴隨的經濟成長效應。在國家的人口組成中，扶養比（〔十四歲以下人口＋六十五歲以上人口〕／勞動人口）小於五〇％。

2　扶養比超過六〇％。

圖表 4-1　日本總人口演變

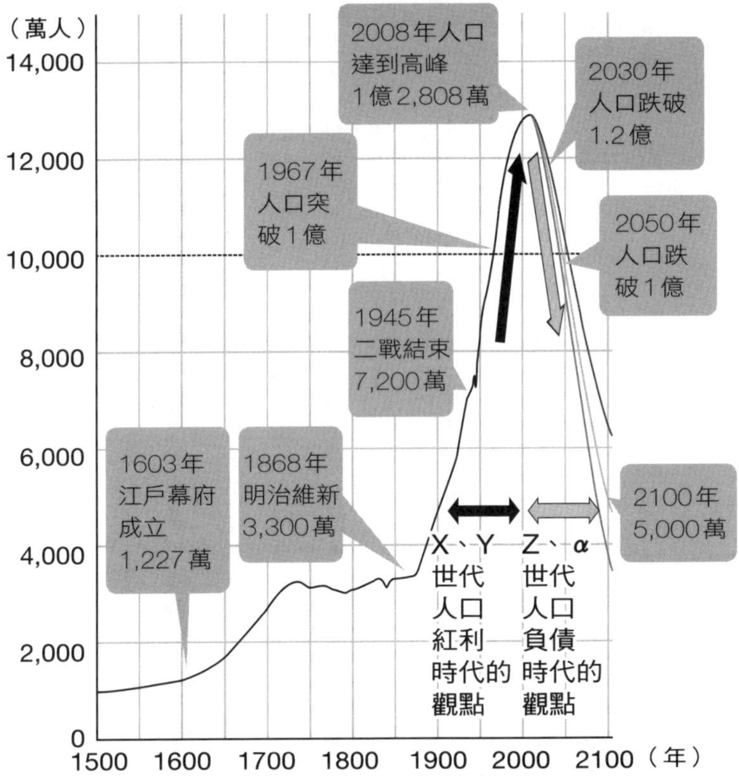

1920 年之前的數據來自日本國土廳《日本列島人口分布長期時序分析》（1974 年），1920 年之後的數據來自總務省《國勢調查》；2008 年日本總人口高峰數據則來自總務省《人口推估年報》及《平成 17 年與平成 22 年國勢調查結果》的修正人口數；2020 年後的數據，則依據社會保障暨人口問題研究所的《日本未來人口推估（平成 29 年）》製作。

出處／日本國土交通省 2021 年《國土長期展望》，經作者修訂與補充。

度經濟發展奠定基礎。二〇〇八年，日本總人口達到一億兩千八百零八萬人，登上歷史新高。但在此之後，人口數開始急劇下降。

根據推測，日本人口將在二〇三〇年降至一億兩千萬人，**二〇五〇年將跌破一億人，甚至在二一〇〇年時回歸明治時代的水準，僅剩約五千萬人**[3]。

事實上，日本人口突破一億是在一九六七年，至二〇〇八年之間約四十年，人口數又增加了兩千八百萬人。日本政府預估在接下來的四十年內，這兩千八百萬人將消失，到了二〇五〇年，日本人口將降至約一億人。日本政府甚至公開表示，如此劇烈的總人口減少速度，在全球是極為罕見的。

從過去人口持續增加、勞動人口增長，帶動市場規模擴大，轉變為人口減少、市場萎縮的時代，日本的社會結構如同坐上雲霄飛車般，迎來急劇的反向變化。

如果仍停留在市場將無限擴張的思維，現在就需要改變心態，開始想像市場將急劇縮小的世界。這並不是一件消極的事，反過來說，想像成「**雲霄飛車的樂趣，就在俯衝而下時的快感**」，或許能更容易理解成長於人口減少時代的Z世代與α世代的價值觀與行動模式。

當所有世代都願意理解彼此在不同社會環境下形成的價值觀，並試圖相互尊重時，才得以推動跨世代共創更美好社會的理想目標。

3 根據國家發展委員會人口推估系統推算，臺灣人口將在二〇三〇年跌破兩千三百萬人；二〇五〇年僅剩兩千萬人，並於隔年降至兩千萬人以下；最新推估數據則是二〇七〇年的一千五百八十三萬人。有專家推估二一〇〇年臺灣人口將減至一千萬人。

2 舊有的行銷逐漸失去合理性

過去的行銷理論與方法，大都出自人口紅利時代，而如今來到了人口負債時代，這些理論逐漸不再適用。

我在大學主要負責教授行銷概論，課程內容大都來自我在一九七〇年代後半至一九八〇年代所學的傳統行銷理論，以及在廣告公司實務經驗中應用的方法。對我來說，這些理論的邏輯都非常合理，但當我觀察學生們的反應時，卻發現到這些內容無法引起他們的共鳴。

學生們能理解這些凝聚前人智慧的理論，以及其希望達成的效果，但由於理論的時代背景與他們的成長環境截然不同，導致他們無法真正認同。因此，在講解傳統理論與手法時，我會特別解釋它們誕生的背景。

舉例來說，在解釋市場占有率競爭策略時，我會這麼說：「在這個案例的時代，市場規模因為人口增長而持續擴張，提升市占率就等同於提升企業營收。因此，透過競爭策略搶占市場份額，是一種相當合理的行銷手法。」

接著，我會進一步加入現代社會的背景分析：「然而，**現今的市場規模因為人口減少，正呈現萎縮的趨勢，在這樣的環境下，爭奪市場占有率的策略已不如以往有效**。因此，現今的企業大都會轉而創造新的子類別市場，或是培養顧客新的消費習慣，激發過去尚未顯現的新型態市場需求。」

透過這樣的方式，讓學生從不同視角比較人口紅利時代與人口負債時代，加深他們的理解。

對於經歷過日本昭和[3]時代高度經濟成長期的行銷人來說，過去在人口紅利時代所塑造的市場觀仍深植於我們的思維中，因此也常不自覺的以大眾思維（大量生產、大眾傳媒及大眾市場）的角度分析市場。

好比評估潛在市場規模時，我們就可能以過去的經驗推算，例如：團塊世代的年出生人口約為兩百六十萬人，團塊 Jr. 世代約為兩百萬人，因此，假如要鎖定二十歲左右的青年族群，那市場規模大約有兩千萬人左右。[4]

但事實上，如今Z世代的年出生人口大約是一百萬至一百二十萬人，幾乎只有年長世代的一半。到了二〇二三年，出生人口甚至下降至七十五萬人，α世代的出生人口更是持續減少。

企業在擬定策略時，雖然會查閱最新的統計數據以修正直覺上的偏誤，但更重要的是，我們必須認知到，過去習以為常的市場規模假設已經不再適用於現代社會。

進入二〇三〇年代，Z世代與α世代將成為核心消費族群，這些擁有嶄新價值觀的年輕世代，也將引領市場走向全新的發展模式。對較熟悉傳統行銷模式的行銷人來說，現今正是重新檢視自身觀點與思維，與時俱進調整行銷策略的關鍵時刻。

---

3 日本昭和天皇在位時所使用的年號，時間為一九二六年十二月二十五日至一九八九年一月七日。

4 團塊世代與團塊Jr.世代的年出生人口皆約為兩百萬人，由此推估日本每年約出生兩百萬人，並將年出生人口乘以十來預測二十多歲的人口數。

3 全新的行銷定義

二〇二四年一月，JMA時隔三十四年正式更新「行銷」這個詞彙的定義。這次更新帶來了什麼樣的變化？我們將比較一九九〇年的舊版定義與二〇二四年的最新版本，以了解行銷概念如何隨著時代演進。

● **舊版：一九九〇年制定的行銷定義**

行銷，意指企業與各類組織以全球視野出發，在與顧客相互理解的前提下公平競爭，推動市場創造的綜合性活動。

註1：各類組織包含教育、醫療、行政機構及團體等。

註2：全球視野指重視國內外的社會、文化與自然環境。
註3：顧客不限於一般消費者，也包括商業夥伴、合作機構、個人及當地居民。
註4：綜合性活動囊括內外部市場研究、產品開發、定價策略、行銷推廣、通路管理，以及與顧客和環境相關的整合活動。

- **新版：二〇二四年更新的行銷定義**

行銷是一種構想與過程，透過與顧客和社會共同創造價值，並使這些價值廣泛傳遞，藉此與利益關係人建立長期關係，以實現更加豐富且能永續發展的社會。
註1：不再局限於企業，個人或非營利組織也能成為實踐者。
註2：建立關係也包括持續創造新價值的過程。
註3：構想囊括具主導性的完整規畫，以及策略、架構及活動。

針對此次更新，日本行銷協會說明如下：

「隨著運用數位科技的新型態商業模式崛起，企業與顧客之間已經進一步發展成『共創價值』的關係。這樣的轉變，使得行銷策略也必須同步調整。

「另一方面，隨著聯合國二〇三〇年的永續發展目標期限將至，企業除了追求商業上的成長，也被期許以長遠的觀點，思考如何為地球環境提供實質貢獻，以及社會的永續發展等課題。在未來的時代，企業將直接面對利益關係人的評價。」

我所理解的主要變化是，企業與顧客從相互理解的對等關係，轉變為共同創造價值的社群關係。此外，**新版的行銷定義中移除了「競爭」，並將核心觀點從市場創造改為實現永續發展。**

我們的研究小組，每年秋天都會迎接一批新的大學二年級學生（十九歲至二十歲），他們加入後的第一項任務，就是一起思考行銷的定義。

我們團隊的宗旨是「透過行銷讓世界變得更幸福」，因此在探討行銷定義時，學生們會思考行銷如何對人們產生貢獻，以及具體的實踐方法，並以未來行銷人的角度，在一個月內將「能透過行銷實現的未來願景」寫成文章。

有趣的是，即使是同一世代，學生們每年寫下的行銷定義，都會因為社會氛圍而有所不同，這些差異通常也精準反映出行銷模式的進化方向。

將JMA數十年更新一次的行銷定義，與大學生們每年持續修正的定義對照，就能更清楚的掌握行銷模式未來的發展趨勢。我們從二〇一四年起實行思考行銷定義的任務，以下是這十年間的變化與其中的重點（見左頁圖表4-2）。

二〇一四年時的大學二年級生是千禧世代的最後一屆，他們的行銷定義依然保留了價值交換（Value Exchange）[5]的概念。

到了二〇一五年與二〇一六年，價值交換逐漸進化成價值共創（Value Co-creation）[6]，正好與創造共享價值（Creating Shared Value）[7]的理念在日本企業間逐漸普及的時間點不謀而合。

接著來到二〇一七年，Z世代的第一批學生開始參與這個任務，在他們的行銷定義中，出現「尊重每個人不同的價值觀」、「透過實現個人的幸福，讓社會變得更美

圖表 4-2　2014年至2023年，大學生的行銷願景變化

年分	行銷願景
2014年	行銷，是在日常生活中交換有意義的事物，透過溝通建立連結，並持續追求更美好的未來。
2015年	行銷是以創造幸福的世界為目標，透過人與人之間的連結，共創更有價值的未來。
2016年	行銷，是一種透過共創與拓展價值，使世界變得更加幸福的活動。
2017年	行銷，是透過「開創」個人幸福，使世界更加幸福的活動。
2018年	行銷是讓每個人持續實現對未來的想法，使世界增添幸福色彩的活動。
2019年	行銷是透過共同創造，打造一個所有人都能自在做自己，對明天充滿期待的世界。
2020年	行銷是在多變的環境中追求幸福，並且持續創造、塑造尊重多元價值觀的世界。（塑造：描繪出幸福的樣貌，使人們能夠產生具體的認知。）
2021年	行銷是為了讓世界增添幸福色彩，貼近每個人不同的價值觀，並共同建構未來。
2022年	行銷是追求人們的幸福，使其成為創造充滿可能性的時代的契機。
2023年	行銷，是探索人與社會的需求，並持續共創幸福的過程。（共創：透過與多方群體及利益關係人的對話，共同產出新的價值。）

5 在交換產品時，能換取到其他產品的價值。價值會根據雙方需求產生波動。

6 企業的競爭依賴與消費者共同創造產品或服務的價值。

7 企業在發掘新商機提升其盈利能力的同時，又能解決社會問題。

好」等重視多元價值觀的理念。同時，行銷的主導者也逐漸從企業轉向消費者，再進一步演變為以「個人」為核心、以人為本的行銷思維。

4 買自己慣用且信賴的經典款

正在創造新消費模式的Z世代與α世代，是如何看待消費？

與大學生交流時，我發現他們對於「自己是消費者」這件事的意識相當薄弱。從小受到環保意識的影響，他們已經將永續行動視為理所當然的生活方式。這一代人普遍抱持「自己喜愛的東西，就要珍惜並長久使用下去」的想法，甚至進一步認為：**「不消費就是一種永續行動。」**

雖然他們都是主修行銷的學生，對消費者這個詞肯定不陌生，但當談及自身的行為時，卻不認為自己是在「消耗」商品或服務，也不認同「消費等於消耗、用盡商品或服務」。因此，當他們被稱作消費者時，往往會產生一絲不協調感。

二〇二一年時，我們針對一千零七十三位居住在東京、大阪及九州三大都市圈的大學生進行一項調查，詢問：「選購日常用品時，你最在意什麼？」結果顯示，他

圖表 4-3　三大都市圈大學生的消費調查結果

（單位：%，可複選）

		全體	男性	女性
1	選擇高 CP 值的商品	59.1	55.8	61.5
2	購買能長期使用的商品	48.3	47.2	49.1
3	以自己的需求選購，較不在意流行	39.6	33.1	44.5
4	避免衝動購物	38.1	30.7	43.7
5	不重視「男用」或「女用」的差別	20.7	19.9	21.3
6	盡可能減少購物行為	20.2	19.7	20.6
7	比起新產品，傾向購買目前已經習慣使用的商品	16.5	15.6	17.5
8	會根據流行趨勢來選擇商品	15.4	16.0	14.9
9	在意企業知名度與品牌形象	15.2	16.7	14.1
10	購買具備環保概念的商品	14.6	17.1	12.8

出處／產業能率大學小々馬敦研究室「Z 世代、大學生對 2030 年社會幸福感的展望」

們最重視的面向包括：CP值高的產品、能長久使用的物品、盡量避免衝動購物，以及比起流行，更重視自身需求。值得注意的是，**約有兩成的受訪者回答「能不買就不買」**（盡可能減少購物行為）。

在深入訪談中，不少學生也強調：「為了避免買錯東西，**與其選擇新產品，不如買自己慣用且信賴的經典款**。」、「不想被流行資訊左右，希望能選出真正適合自己的東西。」更有受訪者坦言，有時會因消費而產生罪惡感或感到內疚。

到了二〇二二年，我們進一步詢問調查對象在聽到消費一詞時，第一個會聯想到什麼。除了大學生以外，我們也詢問了他們的母親。結果令人驚訝，**消費這個詞（概念）普遍被視作負面行為**。

我們透過AI文字探勘技術（text mining）[8]解讀這些開放式回答，發現大學生的最普遍的觀點是：「消費是浪費金錢的行為，令人感到可惜。」大學生母親這一代則認為：「消費是生活中不可避免的浪費，應盡量減少到最低限度。」

8 分析文字型態的資料，並從中提取重點或高品質的資訊。

圖表 4-4　大學生與其母親多認為消費是負面行為

AI 文本分析 by User Local

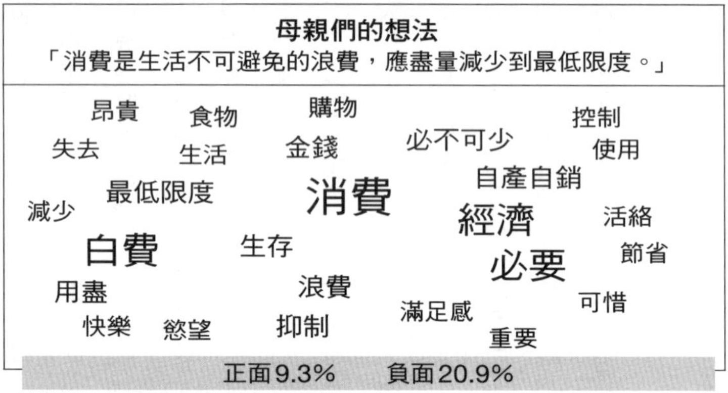

出處／產業能率大學 小々馬研究室與 INTAGE 共同調查
「Z、α 世代母親的全國調查」（2022 年 9 月）

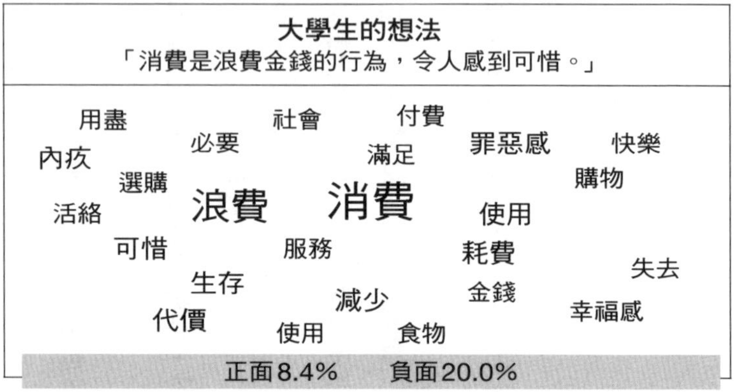

出處／產業能率大學經營學系（2022 年 11 月）

進一步透過ＡＩ情緒分析，**消費一詞帶來負面情緒的比例約為二〇%，遠高於正面情緒的九%**。結果顯示，無論是大學生還是他們的母親，對消費這個詞都表現出明顯的負面感受。

許多企業容易將商品賣不出去，歸咎於市場上相似商品氾濫，令消費者難以選擇，因此轉而強調產品或服務的差異化。但是，現今的消費者普遍抱持「消費即浪費，應該盡量減少」的意識，**比起購買想要的商品，他們反而更在意如何篩選不必買的商品**。這種思維不僅存在於年輕人之間，他們的父母也有相同觀念。

當消費者判斷某項商品是否值得購買時，最重要的標準之一在於商品適不適合自己。因此，年輕世代對市場上強調獨特性的產品或服務，其實並不特別渴望。相較之下，「決定不買哪些東西」反而成為消費決策的核心。

此外，現在的年輕世代在篩選商品時，特別重視商品是否符合環保及良知標準，顯示他們對永續發展的關注。

未來的行銷模式，不應只將環保與良知標準視作產品的獨特賣點或附加價值，而是應該讓消費者能夠放心的選擇，並長期使用這些產品與服務。同時，企業也應該更明確的展現品牌在社會中的真實性（Authenticity）[9]，以贏得消費者信任。

消費一詞最初來自英語的「consumption」，日本大正[10]時代到昭和初期（約為一九二〇年代）開始被當作經濟學術語。

在美國，consumption 原本帶有負面含義，意指浪費、耗盡、失去價值。但自一九二〇年代媒體與廣告產業興起，這個詞開始轉為正面，代表人們不斷購買商品、積極花費的行為。當時正處於經濟快速發展期的日本，也參考了這個概念，將消費一詞歸類為經濟學用語。

當時消費的定義為何會轉為正向？讓我們回顧一九二〇年代的美國社會背景。

從美國汽車公司福特（Ford）T型車上市（一九〇八年）後的十年間，都市地區的汽車使用率逐漸提升，人們開始習慣擁有自己的汽車。家用收音機的普及，也讓人們每天都能從廣播中收聽到各種吸引人的新產品情報。

當時的社會氛圍充滿對未來的期待，人們普遍認為消費（主動購買新產品）可以讓生活更加美好，除了推動經濟發展，也能帶動社會整體幸福感。在這樣的時代背景下，透過廣告刺激消費，便成為最普遍的行銷模式。

時隔一百年，來到二〇二〇年代的日本，社會對消費的觀點開始轉為消極。隨著二〇三〇年即將到來，過去這一百年來對消費的正面印象，似乎也即將劃下句點。「消費會導致浪費，應該盡量減少」，這樣的負面看法逐漸成為主流。如果這樣的思維持續擴散，購買行為將被視作一種會削減社會共享價值的活動。

那麼，該如何為購買行為重新賦予正面的意義？重點在於，人們對未來的態度需要從消極轉為積極。當人們相信，只要共同努力，明天就會比今天更美好，社會正朝著更好的方向前進，消費行為才能被賦予正面的意義。

未來企業的角色，正是要在這轉變的過程中發揮影響力，帶領社會邁向一個以共創價值為主軸的新時代。

---

9 品牌是否忠於其價值觀。

10 日本大正天皇在位期間使用的年號，時間為一九一二年七月三十日至一九二六年十二月二十五日。

5 二手交易、募資平臺成為生活一部分

那麼該如何描繪新時代的消費模式？重點在於，企業必須改變對消費的看法。

你是否聽過「ＳＤＧｓ婚禮蛋糕模型」（SDGs Wedding Cake）？這是由斯德哥爾摩復原力中心（Stockholm Resilience Centre）的所長約翰・洛克史托姆（Johan Rockström）所提出的模型架構，透過圖示呈現ＳＤＧｓ目標間的密切關係（見下頁圖表 4-5）。

洛克史托姆將ＳＤＧｓ的十七項目標，區分為經濟圈（Economy）、社會圈（Society）和生物圈（Biosphere）三個層級，並倡導層級間的平衡與協調，是實現ＳＤＧｓ目標的關鍵。此外，他也強調，唯有下層的基礎足夠穩固，才有可能實現上層的發展。

這樣的概念同樣適用永續發展時代下的企業經營環境。企業運作雖然主要存在於

圖表 4-5　SDGs 婚禮蛋糕模型

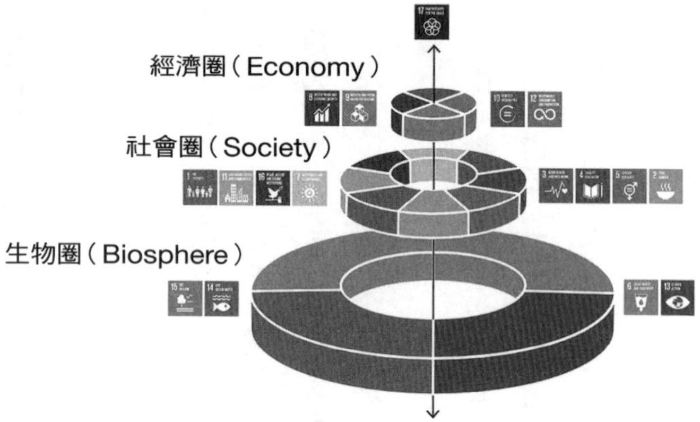

出處／Azote for Stockholm Resilience Centre, Stockholm University CC BT-ND 3.0（日本農林水產省多功能支付推進室部分翻譯補充）。

經濟圈（市場經濟）內，但若是想確保企業與事業永續發展，必須兼顧社會圈（人類社會）與生物圈（地球環境）。這樣的思考模式，也與JMA提出的新版行銷定義呼應，進一步為行銷人在未來社會中扮演的角色與存在意義提供更多啟示。

請參考我根據SDGs婚禮蛋糕模型所繪製的圖表4-6（第二一〇頁）。在未來，行銷人的影響力將從市場經濟，擴展至人類社會與地球環境共三個層面。

在SDGs尚未成為社會規

範之前，行銷人活躍的領域主要圍繞著市場經濟，他們的社會使命在於促進貨幣與商品價值的交換，使經濟保持良性循環。

雖然行銷人試圖貼近消費者需求，並制定相應的策略，但由於核心仍然圍繞著金錢交換的經濟活動，因此往往偏重企業的立場，將提高銷售額視為目標，導致行銷活動容易與消費者的期待產生矛盾與對立。

隨著永續的觀念逐漸普及，人們開始將消費視作一種浪費資源、降低價值的行為，因此抑制消費的趨勢也越發明顯。市場經濟以金錢為主軸的模式，漸漸被人們視為有人獲利，就必定會有人虧損的零和遊戲，背離社會永續發展的目標。

想在市場經濟中掌握對消費抱持負面態度的消費者，變得越來越困難。因為現代人傾向生活在以意念為核心的人類社會中，而這種社會形態主要建立在社群媒體上。換句話說，現代的人類社會已經轉變成「社群媒體社會」。

如今，人們的購買行為深受社群媒體影響，因此企業行銷也必須重新定位，跳脫市場經濟的思維模式。

圖表 4-6 後 SDGs 時代的新消費概念圖（以 SDGs 婚禮蛋糕模型為基礎）

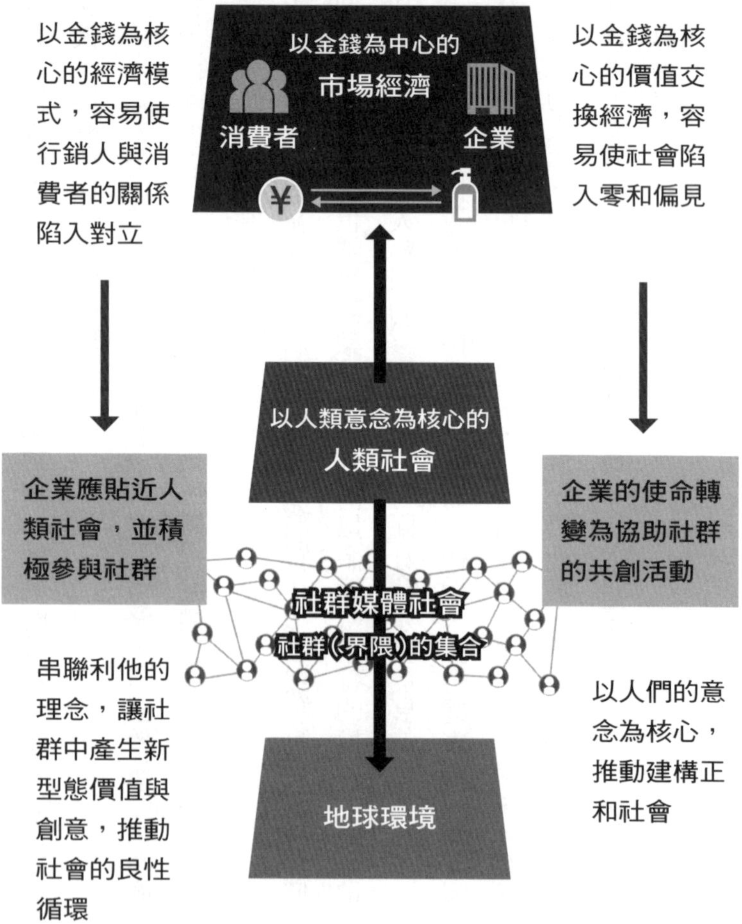
以金錢為核心的經濟模式，容易使行銷人與消費者的關係陷入對立
以金錢為中心的
市場經濟
消費者
企業
¥
以金錢為核心的價值交換經濟，容易使社會陷入零和偏見
以人類意念為核心的
人類社會
企業應貼近人類社會，並積極參與社群
企業的使命轉變為協助社群的共創活動
社群媒體社會
社群（界限）的集合
串聯利他的理念，讓社群中產生新型態價值與創意，推動社會的良性循環
以人們的意念為核心，推動建構正和社會
地球環境

消費是為了讓大家更幸福

在社群媒體社會中，人們的需求可以用一個詞概括：自我實現。具體來說，是希望能在社會上確認自身價值，並認同現階段自己的自我肯定感，以及自己對他人有所幫助的自我價值感。這兩種心理需求，是現代消費者最期望達到的目標。

如果說市場經濟是以金錢為主軸，人類社會就是以群眾意念為核心的社會。隨著社群網路普及，人們越來越在意別人的看法，被認同的渴望也日益強烈。同時，由於日常生活中能輕易接觸到他人的生活資訊，也使人們更容易認同他人，從而產生希望能支持別人、能提供幫助的利他主義。

正因為這種感受漸趨強烈，企業也更有機會將這些意念連結起來，以實現共同提升生存價值的正和社會。

利他主義的行為，通常透過對他人的感受產生共鳴，或是想支持對方等方式表現。抱有這種想法的人會聚集在一起，形成界限。

在這樣的界限中，成員間會相互尊重、扶持、激勵，並透過這股熱情，創造嶄新的價值或創意，也會推動界隈成員產生更強烈的購買動機。

因此，未來企業的新使命，是協助這些社群的共創活動，打造一個讓人感到安心且有歸屬感的界隈環境，以及讓界隈中誕生的嶄新價值和創意，在社會中形成良性循環。未來的行銷將帶著這樣的使命，在推動正和社會的過程中扮演重要的領航者。

在設計正和社會時，必須掌握兩個關鍵字：生態系統與利他主義。在商業世界中，生態系統指具有不同功能的個人和組織間相互合作。這種做法不僅能解決重大的社會問題，還能讓參與的各方共享利益，促成共生共榮的商業模式。

另一個關鍵字則是利他主義。所謂的利他，與英語中的「pay it forward」有著類似的涵義。這個片語直譯為「付出」，但實際上，它表現出的是一種精神——**不直接回報，而是將善意傳遞給下一個人**。在日本也有類似的概念，稱為「送恩」。

送恩的本質可以用一句諺語形容，也就是「好心有好報」。這句話強調，展現善意不僅僅是為了幫助對方，也是為了在社會中傳遞善意，最終這樣的善念將以幸福的形式回饋到自己身上。這個想法是希望透過善良與德行的良性循環，使整體社會更加幸福。

圖表 4-7　α 世代的母親對消費行為的看法

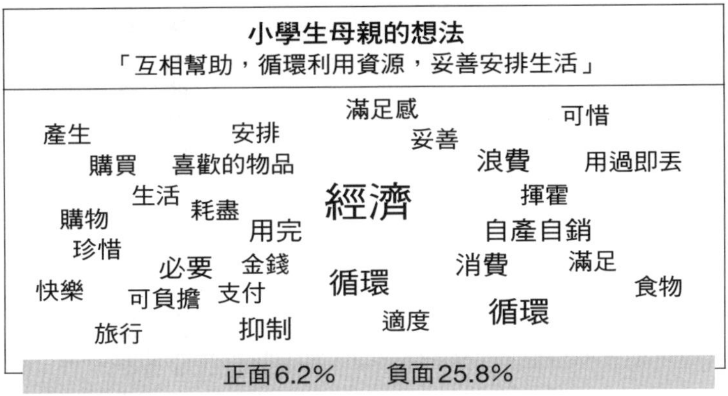

出處／產業能率大學小々馬研究室與 INTAGE 合作
「Z、α 世代母親的全國調查」（2022 年 9 月）

前文中曾介紹Z世代大學生及其母親對消費的看法。其實，我們也曾針對α世代小學生的母親調查。結果顯示，她們普遍表現出利他主義與送恩的想法。

雖然α世代小學生的母親跟Z世代大學生的母親一樣，對消費行為仍抱持著負面觀感，但最大的差異在於，α世代的母親展現出更積極的態度，她們普遍認為：「人們應該互相幫助，循環利用資源，妥善安排生活。」這充分反映Z世代到α世代之間消費心態轉變的趨勢。

「互相幫助，循環利用資源，妥

善安排生活」——這句話背後，展現出一種不想倚賴金錢，透過借用或交換物品，讓志同道合的人們相互連結、共創幸福生活的利他主義精神。

這樣的觀念，或許是來自她們**平常使用的二手交易、群眾募資平臺等經濟模式的影響，逐漸成為生活中的一部分。**

6 追星已成為主流文化

在接下來的時代，若商業模式能反映出利他主義精神，將蘊藏著龐大的商機。

過去的行銷是以金錢為主軸的商業模式。由於企業營運需要從顧客手中賺取金錢，行銷自然以「如何讓顧客的可支配所得流向自家企業」的角度出發。

然而，**現代的消費者即便在金錢上無法負擔，也願意投入時間或勞力來支持自己喜愛的人事物**。例如，追星已成為一種主流文化，粉絲們並不期待回報，只要能應援喜歡的偶像，就能獲得幸福的感受。

我認為，以利他主義為主軸的商業模式，未來也將持續發展。**其核心將不再是金錢，而是人們所投注的熱情**。

例如，某些信用卡設計用來應援職業運動隊伍。當消費者使用這張信用卡消費時，累積的點數不會回饋給持卡人，而是直接轉換成資金，給予支持的隊伍。這樣的

圖表 4-8　**2030 年代，從事行銷須具備的後設認知能力**

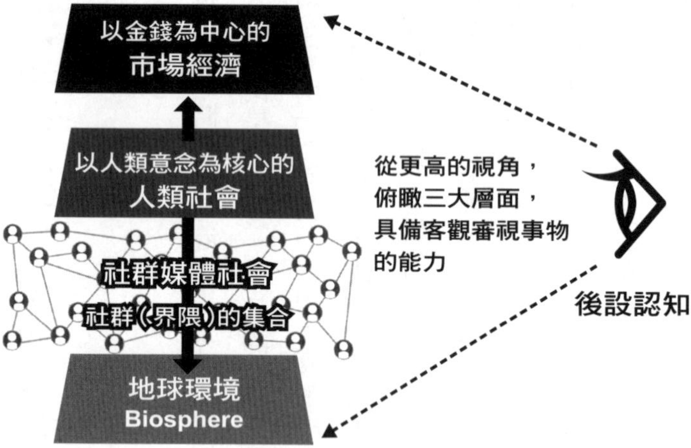

機制讓持卡人只須透過日常消費，就能為自己喜歡的隊伍盡一份心力，而不須承擔額外的支出。

從這個案例可以看出，要建立一個商業生態系統，需要具備以下要素：

1. 打造能夠凝聚人們意念的地方。
2. 將該處產生的能量，或從熱情中創造出的價值，量化為點數或積分。
3. 與能夠將點數貨幣化的組織建立合作關係，將其轉化成經濟價值。

在前述例子中，雖然消費者的確有花錢，但本質上，是將行動與熱情轉換成量化的點數，以送恩的形式獲得自我實現的滿足感（包括自我肯定感與自我價值感）。

為了推動正和社會，企業應致力於構思新的商業生態系統，以及不以金錢為主軸的商業創意。同時，也必須從更高的視角俯瞰整個市場，兼顧市場經濟、人類社會和地球環境這三個層面之間的平衡。若要實踐這種新思維，行銷人必須培養後設認知的能力。

正如第一章所述，α 世代已經開始接受與後設認知有關的教育，到了他們成為中流砥柱的二〇三〇年代，也自然會從更高層次的視角，洞察事物本質並表達見解。與後設認知的相關內容，將會在第五章呈現。

7 在社群媒體上發文的必要

未來消費者的購買行為，會產生什麼變化？我們團隊為此持續進行相關調查和研究，希望能深入了解將社群媒體視作生活重心的年輕世代，以及其購買行為的特徵。

在研究過程中，我們請Z世代的女大學生描述她們在購買化妝品時的決策流程。結果顯示，在實際購買之前，她們會經歷一段漫長且謹慎的評估過程，流程如下：

1. 隨意逛逛社群網站時，在 Instagram 看到某款化妝品的相關貼文。
2. 閃過「這好像不錯」的想法，於是把商品圖片存下來。
3. 過了一陣子後想起這個商品，透過儲存的圖片，在 YouTube 上搜尋產品使用影片。
4. 隔一段時間後再次觀看影片，如果仍然感到心動，就會開始覺得「這款真的很適合我」。從這一刻起，她們才會正式帶著購買意圖尋找資訊。之後再回到社群網站，搜尋使用者體驗分享或相關評價，確認這款商品是否值得購買。

5. 觀看美妝網紅的評測影片，確認商品是否符合自己的需求與期待。為了判斷這位網紅是否值得信賴，她們還會瀏覽該名網紅的日常貼文。此外，也會詢問身邊親密的朋友，在得到「好像不錯！」的支持後，更強化她們的購買動機。

6. 由於不希望購買後感到後悔，她們會到實體店鋪親自確認商品是否真正適合自己，並選擇在店內購買，同時也是為了讓購物過程成為一個令人興奮的體驗。

7. 購買並實際使用後，她們會希望將這份情緒傳遞出去，因此會在 Instagram 上分享使用心得。

8. **這篇貼文將成為下一個人發現這項商品的契機**，從一個人傳到另一個人、逐漸擴展，進而在社群媒體上形成循環，讓更多人認識這款商品。

我們將社群媒體時代這一連串的購買行為，整理成名為「EIEEB」的新形態購買行為模型（見二二二頁圖表 4-9）。這個視覺化的理想購買流程，特別適用於 Z

世代，同時也代表了他們心目中理想的購物體驗。

- 偶遇（Encounter）：在社群媒體上偶然發現某款商品。
- 受到啟發（Inspired）：對貼文或是影音、圖像的氛圍產生共鳴，將商品與自身需求連結。
- 被鼓勵（Encouraged）：透過搜尋相關資訊及評價，解除心中疑慮，同時強化購買動機。
- 實踐（Event）：以最能讓自己感到心動的方式購買商品。
- 強化（Boost up）：想讓更多人感受到這股心動，於是主動在社群媒體上分享使用心得。

在這樣的模式下，每一則使用者原創內容（UGC）都會持續在社群媒體上擴散，成為下一位消費者的「Encounter」。

圖表 4-9　全新購買行為模型「EIEEB」

E
I
E
E
B
Encounter
偶然接觸到某項商品
Inspired
對商品的氛圍產生共鳴，並視為符合自身需求
Encouraged
解除購買的疑慮，進一步強化購買決心
Event
購物本身就是一場令人心動的體驗！
Boost up
「大家也來試試看吧！」分享心得，強化這份心動的感覺
消費者將「想強化這份心動感」的想法，轉化成 UGC，並透過社群媒體的視覺化加速傳播。

出處／產業能率大學　小々馬敦研究室

接下來，讓我們進一步解析這個模型的內容與涵義。

「我們（大學生）根本不是按照AIDMA[11]或AISAS[12]等傳統購買決策理論來買東西的！」

我研究室學生的這句話，正是EIEEB模型誕生的契機。AIDMA與AISAS這類行銷框架，過去被廣泛應用於分析消費行為。但在與學生討論的過程中，我們發現，這些框架其實無法準確描繪現代年輕人的購物決策。

於是，我們也開始深入探討：「那麼，他們到底是怎麼決定是否買東西的？」在熱烈的討論下，我們逐漸挖掘出許多關鍵性特徵。

首先，最大的不同在於對商品類別的理解。在傳統行銷學中，有一個概念叫「品類需求」（Category Needs）。當人們產生購買欲望，也就是購物需求時，通常會先區分產品的類別，再從該類別中挑選特定商品。因此，品牌在建立形象時，會努力與某個類別需求建立關聯性，以增加被消費者選購的機率。

然而，學生們的購物模式卻大不相同。他們不會透過類別來篩選商品，而是更常使用「類型」（Genre）來描述自己的需求。換句話說，對他們而言，購物動機不是對某種類別商品的需求，而是感興趣的某個主題，然後在這個主題的範圍內，發現某款符合自身需求的商品。這樣的思維模式，與前面提到的界限有異曲同工之妙。

由此可見，年輕世代的購買決策，主要取決於他們感興趣的風格。因此，對行銷人來說，理解界限的運作模式，將成為未來制定行銷策略的重要關鍵。

11 注意（Attention）→興趣（Interest）→欲望（Desire）→記憶（Memory）→行動（Action）。

12 注意（Attention）→興趣（Interest）→搜尋（Search）→行動（Action）→分享（Share）。

從接觸到購買，都要保持心動

為了進一步了解學生們的購物過程，我們也陸續拋出了相關問題：「大家購物時最注重哪些事情？什麼樣的購物方式會讓你們感受到壓力？」

令人有些意外的是，學生們回答的內容如出一轍：「**希望從接觸商品到購買、使用的過程中，都能一直保有心動的感覺！**」、「最討厭心動的感覺突然中斷！」在場的學生們聽了紛紛點頭，異口同聲的表示同意。在這樣的討論氛圍中，我們更加確信，這是個十分重要的訊號。

也是在這個時候，我們發現學生們的「關鍵時刻」（Moment of Truth）。所謂的關鍵時刻，指消費者最終決定購買某項商品的重要瞬間。

長久以來，行銷都在試圖掌握消費者的這個瞬間。在構建購買行為模型時，也通常會將購買行動視為最終目標，因此在設計廣告時，常會將消費者的情緒高峰，設定在購買當下或購買前後。

但是，在前面的討論過程中卻能夠發現，學生們的想法其實與預想的不同。他們明確表示：「希望在整個購物過程中，都能保持心動。」這也顯示出，企業所設定的情緒高峰，與年輕世代所認定的並不一致。

這樣的落差，很可能正是導致市面上常見的廣告被認為煩人的原因之一。**年輕人希望持續享受購物期間帶來的心動，但當廣告過度直接的推銷時，反而會讓他們感受到強烈的壓力**，進而產生厭惡的情緒。

ＥＩＥＥＢ模型的靈感，是來自百年前就存在的ＡＩＤＭＡ模型。ＡＩＤＭＡ是十分具代表性的消費者購買行為模型，於一九二〇年代由美國行銷廣告專家山姆・羅蘭・霍爾（Samuel Roland Hall）提出。

我們在研究消費者的購買行為時，會將ＡＩＤＭＡ視為基礎，並比對模型誕生時期的社會氛圍與消費心理。正如前文所述，一九二〇年代的美國處於高度經濟成長期，社會普遍對消費抱持正面態度，人們沉浸在繁榮的景氣中，為日益進化的生活感到興奮與期待，因此也容易打造令人心動的購物體驗。

我們認為，ＡＩＤＭＡ模型正是那個時代下對於購物體驗的最佳寫照。於是我們開始思考，如果要為一百年後的社會描繪出同樣令人心動的購買行為模型，該如何設計，才有了EIEEB模型的誕生。

事實上，在EIEEB出現之前，我們的研究室也曾於二〇一八年，提出一個名為「EIEEM」的模型。當時，這套模型是由一群一九九七年至一九九八年出生的Z世代大學生所構思，而它最大的特徵，就表現在模型名稱最後一個字母M上。

傳統的AISAS模型，建立於網路漸趨普及的時代，強調消費者在購物後的「分享」（Share）行為，但這群學生強烈表示：「我們不是因為想分享才發文的！」對他們來說，**在社群媒體上發文，不是為了傳遞、分享資訊，而是一種「模仿」，希望透過仿效他人的幸福生活或觀點，讓自己也能擁有相同的體驗。**因此，我們將這種行為命名為「模仿」（Mimic），並將其納入EIEEM模型之中。

這種透過網路，讓模仿行為在人與人之間傳播的文化與現象，與網路迷因有異曲同工之妙。

兩年後的二〇二〇年，EIEEM進一步演變成EIEEB。主要原因在於，我們與研究室新一屆的大學生，也就是二〇〇〇年出生的學生們討論時，發現他們的行為模式，似乎跟前輩們有很大的不同。

圖表 4-10　EIEEB模型的發展沿革

2018年	第四屆學生重新定義年輕族群的新購買行為模型「EIEEM」。 於日本廣告學會創意論壇發表研究結果，獲得「學生 MEP（最具印象獎）」。 開始產學合作研究。
2019年	第四屆學生於年輕族群研究公開研討會發表 EIEEM 模型。 第五屆學生向《日經廣告研究所報 308 號》投稿學生論文〈Z世代的新購買行為：延續購物體驗心動感的 EIEEM 模型〉。
2020年	第六屆學生將 EIEEM 重新定義為 EIEEB 模型，並於未來行銷研究會正式發表。 2021 年～2022 年，研究計畫與 INTAGE 公司合作，將 EIEEB 模型應用於 X 世代、千禧世代、Z 世代，並驗證其合理性，確認統計結果是否有顯著差異。
2023年	向 JMA 投稿研究論文〈EIEEB：Z 世代的新型態消費行為模型與定量驗證〉。
2024年 至今	進一步探討 EIEEB 模型對 α 世代的適用性，持續進化及檢討。

面對同樣的問題，他們明確的說出：「我不覺得自己是在模仿別人。」而請他們描述購買商品後，在社群媒體上發文的心情時，他們普遍表示：「希望其他人能跟我們一樣，體會到這股心動。」

也就是說，**他們在社群媒體發文的主要目的是希望能相互鼓舞**。於是，我們將模型中的M調整成B（Boost up），進而發展成現在的EIEEB模型。

8 購物就是一場令人心動的體驗

那麼，該如何將ＥＩＥＥＢ模型實際運用在行銷上？我們將依照購買流程各個階段，說明應用重點。其中應特別留意幾個階段：消費者接觸商品資訊到決定購買前的篩選，以及購買後的分享行為。

在ＥＩＥＥＢ模型中，消費者明顯有較多零碎的時間，因此，企業應致力於在這些時間點，創造消費者與商品接觸的機會。

所謂的零碎時間，指一天之中重要事件或活動間的空檔。以大學生為例，通勤、上課或打工的休息時間，以及就寢前的時間，甚至包括到家後開始追劇等，都屬於零碎時間。他們在這些時段，會漫無目的的滑手機，尋找讓自己心動的事物，而ＥＩＥＥＢ模型中的第一個Ｅ，正是來自這些時刻。

圖表 4-11　EIEEB 模型的購買流程

想實現的願望：希望能一直保有心動的感覺！

E	I	E	E	B
Encounter	Inspired	Encouraged	Event	Boost up
偶然接觸到某項商品	對商品的氛圍產生共鳴，並認為符合自身需求	解除疑慮，進一步強化購買決心	購物本身就是一場令人心動的體驗！	「大家也來試試看吧！」讓心動持續加溫

在零碎時間滑手機，漫無目的的尋找讓自己心動的事物。

儲存圖片。之後如果仍感到心動，就會正式進入購買前的評估階段。

想用自己的雙眼實際確認，再決定是否購買。

想打消內心的疑慮：「這款商品真的適合自己嗎？」

因美好的邂逅感到心動	這是我自己發現的！	提升自我肯定感「這是我自己挑的！」	提升自我價值感	我的分享能幫助到別人！

● E（Encounter）偶然接觸到某項商品：最初的篩選（Screening），關鍵在於商品是否能被消費者儲存到手機裡

當消費者在社群媒體上看到吸引人的圖片時，他們的第一個反應通常是「先把圖存下來」。對Z世代來說，接觸新商品資訊的管道主要仍來自手機，但有時他們也會先在實體店面看到感興趣的商品，然後上網搜尋相關資訊或圖片，再儲存到手機裡，並建立不同風格名稱的相簿、分類保存圖片。

Z世代的消費模式相對謹慎，存入相簿內的商品，才有機會真正進入購買流程。所以，企業的首要任務，就是讓消費者願意將商品圖片儲存到手機裡。

至於商品能否順利被儲存，取決於它是否符合消費者個人的世界觀。這個篩選過程相當直覺，因此像UGC那樣讓人感覺親近、看起來自己也能做到的圖像，更容易獲得其他消費者的認同。

相反的，由專業創作者製作的精美商業圖片，往往容易讓消費者感覺與自己無關而被忽略。也就是說，行銷推廣時，必須為消費者預留「將商品融入自身世界」的想像空間，而不是讓它看起來遙不可及。

● I（Inspired）對商品的氛圍產生共鳴，且符合自身需求：第二層篩選，透過「美好的邂逅」，強化與商品的連結

當消費者再次看到先前儲存的圖片時，如果仍感到心動，就會搜尋更多相關資訊，確認該商品真的符合自己的風格。當他們確信「這款商品確實滿適合自己」的時候，才會正式進入購買前的資訊搜尋階段。

為了讓消費者更容易產生共鳴，就必須讓他們能夠輕鬆找到大量UGC。品牌的官方帳號可以主動整理並展示相關原創內容，讓消費者一目瞭然，也可以公開稱讚優秀的原創內容、提供影像編輯工具等，鼓勵更多使用者創作貼文。

這個階段的關鍵在於，如何協助消費者產生「我發現了這款令人心動的商品！」的感受。當消費者覺得自己是在偶然間發掘喜歡的商品，就會像經歷一場美好的邂逅，增強與商品之間的情感連結。

● E（Encouraged）解除購買疑慮，強化購買動機：第三層篩選，獲取更多資訊

來到這個階段，消費者會開始頻繁搜尋相關資訊，並在社群媒體上分享自己的發現。此時讓他們感到不放心的是：「這款商品真的適合我嗎？」因此，他們會尋找值得信賴的資訊來源，包括朋友、網紅、其他消費者的使用心得等，並將這些資訊與官方內容交叉比對。

Z世代的消費者傾向在了解商品的優缺點後，再做出購買決策。因此，行銷人應該提供一個方便消費者比較資訊的環境，讓他們能夠高效率的獲取資訊，並認為「這是我自己的選擇」。

不過，**現今的消費者普遍認為「廣告和業配只會提到對企業有利的內容」**，因此這類資訊通常不會被列入參考依據。

Z世代最想知道的是：這真的適合我嗎？

因此，商家應盡可能主動提供能讓消費者投射自我的資訊。例如，分享有類似興趣、體型、膚質的使用者體驗。此外，設立快閃店，讓消費者實際體驗商品，也是降低購買疑慮的有效方法。盡可能讓消費者更有效率的接觸商品資訊，幫助他們放心做出購買決策，當他們不再有疑慮時，才會進入實際購買階段。

此外，儘管Z世代聲稱他們不會衝動購物，但在實際訪談時，不少人表示曾經衝動購物過。不過，進一步詢問後發現，他們並不是指「偶然發現商品時，一時衝動就直接拿去結帳」的狀況。

Z世代的衝動購物，指他們在Encouraged這個階段大量搜尋相關資訊後，發現「這款商品真的適合我」因此產生強烈的心動感而忍不住直接購買。換句話說，他們其實是在充分調查後才下決定的。

● E（Event）購物就是一場令人心動的體驗：最不易踩雷、最令人感到心動的購物過程

Z世代普遍希望購物能成為一場令人心動的體驗，因此，他們會選擇最能產生這種心情的方式購物。

許多Z世代消費者會將購物視為一場盛事，特別是首次購買某項商品時，會希望到實體店鋪，親自用雙眼確認商品，這樣才能打消疑慮，確保達到完美的體驗。至於回購，由於已經對商品有信心，他們則會傾向選擇價格更優惠、更方便的方式，例如網購平臺。

• B（Boost up）「大家也來試試看吧！」讓心動持續加溫：貼文分享，提升自我價值感

購物的心動感，不會只存在於購買當下。Z世代消費者在購買商品之前，經歷過一段充滿喜悅的探索過程，因此，他們會主動在社群媒體上發布圖片或影片，希望能讓更多人體驗這份感動。當他們意識到自己分享的內容，成為其他人偶然接觸到這款商品的契機時，就會湧現幫助到別人的成就感，並再度產生心動的感覺。

由此可見，Z世代希望在整個購物過程中，都能持續體會到心動感。因此，企業方的任務，就是協助他們維持這樣的情緒，並提供足夠的資訊，打消「這款商品真的適合自己嗎？」的疑慮。

9 討厭拐彎抹角的廣告

在EIEEB模型中，幾乎看不到消費者跟廣告有接觸。那麼，廣告到底該出現在哪個階段？又能否發揮實質效果？

就結論來說，先建立共鳴，再投放廣告，這樣才能提升廣告的效果。當消費者認同品牌、企業或對其產生好感時，他們才會願意觀看廣告，並嘗試解讀其中資訊。

年輕世代普遍認為「廣告只會說商品的好話，沒有參考價值」，因此大都會選擇忽略。而企業為了避免被忽視，則會試圖讓廣告變得更有趣，但這樣的做法其實沒有太大意義。因為，對年輕人來說，**網路上本來就充滿各式各樣的有趣內容，他們並不指望廣告帶來娛樂價值**。

相較之下，Z世代消費者更在意商品適不適合自己，他們會為了確認這件事，積極在網路上搜尋相關資訊。

雖然Z世代會廣泛參考各種資訊，但他們通常會下意識的避開廣告與業配，這類資訊對他們而言缺乏公信力。

同樣的，他們也很少主動參考由企業或品牌官方帳號所發布的資訊。不過，這種趨勢近年來也開始產生變化——由於他們在社群媒體上越來越常看到過時資訊，或是誇大不實的業配，因而懷疑社群資訊的可信度，轉而覺得還是官方情報比較可靠。

因此，我認為未來的行銷模式，應建立「協助消費者確認官方資訊，再到社群媒體補充不足之處」的流程。此外，廣告也應該明確告知來自官方，不需要刻意掩飾，而是應該直接表達重點，協助消費者選擇。如果試圖抓住消費者目光，刻意營造不像廣告的假象，反而會讓人覺得不值得參考，最終造成反效果。

另一個值得注意的重點是廣告創意。目前大多數電視廣告（Commercial Message，縮寫為CM）都會以有趣的故事包裝，將商品資訊隱含其中。但是，年輕世代其實並不樂意花時間解讀廣告中的弦外之音。

以通訊公司的家庭優惠方案廣告為例，該廣告是一段有趣的小故事，間接表達「家人一起使用會更划算」，直到最後幾秒出現「家族方案更優惠！」的文字。

我們詢問學生對這個廣告的看法，他們大都覺得好笑、有趣，但也表示看不懂廣告想表達的內容。當我們解釋「這個廣告的重點，就是全家人一起用這個方案會更便宜」，學生們回答：「那一開始直說不就好了？」

也就是說，**廣告雖然能帶來娛樂效果，但觀眾不會主動解讀其中含義，因此商品資訊很可能根本不會被記住**。即便是那些被評為很動人或是爆紅的廣告，也存在類似的問題。

確實，越是讓人摸不著頭緒的內容，觀看次數往往越高，但這並不代表觀眾會對商品產生認同。

如果回歸隱喻的本質，它的本意應該是「用容易理解的事物比喻，讓內容更具說服力」。但廣告在設計時卻經常過於刻意，變成一種拐彎抹角傳達資訊的技巧，讓觀眾需要額外花時間解讀，反而降低其效果。因此，應該清晰且直白的表達訊息，幫助消費者快速理解，這才是現代廣告應該追求的方向。

關於Z世代大學生對廣告的觀感，還有一個令我們感到驚訝的現象。當我們播放近期的電視廣告時，許多人表示：「這個廣告我從來沒看過。」即使是投放量高達兩千至三千總收視點數（Gross Rating Point，縮寫為ＧＲＰ）的廣告，也經常被學生們忽略。

問到學生印象較深的廣告時，他們提到的多半是社群媒體上的影片廣告，或是戶外廣告（Out-Of-Home）[14]。換句話說，這類廣告不是欠缺觸及率，而是被學生們刻意忽略。

我們也常聽到學生表示：「這個廣告我沒看過，但好像有聽過。」這顯示他們即使待在開著電視的客廳，注意力仍完全集中在手機上。對他們來說，電視廣告更像是背景音樂，而不是視覺上的資訊來源。

廣告商顯然也察覺到了這一點，因此近年來的廣告，越來越著重在吸引觀眾注意力，例如搭配洗腦的旋律、舞蹈，或是讓人印象深刻的音效等。然而，即使這類廣告成功讓人留下印象，卻無法讓觀眾記住品牌或了解它真正想傳達的內容。

那麼，該如何讓消費者願意觀看廣告？事實上，大學生在觀看廣告時，容易受到以下幾種心理影響。

第一種是**偶像演出的廣告**，他們會抱持著支持偶像的心態觀看廣告。同樣的，當自己喜歡的創作者或網紅接了業配，即使知道是廣告，他們還是會選擇觀看，以表達自己的支持。

這種應援心理有時會轉化為應援購買。但這類購買行為的動機，主要是為了支持偶像，較難以對商品或品牌產生認同感，因此回購率通常也不高。

第二種情況則是**出於「感謝」的心情**。例如，當觀看 YouTube 影片時，會意識到：「正是因為有這些廣告，我才能免費觀看，稍微忍耐一下吧。」不過，他們的耐心仍是有限的，因此會希望平臺能明確顯示廣告幾秒後會結束。

第三種情況是**來自認同感**。舉例來說，當消費者在搜尋商品時，意外發現品牌背後的理念或製作團隊的熱情而心生共鳴，他們會願意主動觀看廣告，並想：「既然如此，那就稍微看看廣告吧！」

綜上所述，如果能營造消費者對企業或品牌的認同感，以及輕鬆生活就能支持的

14 如公共場所、交通工具上的廣告。

心理，就能大幅提升廣告效果。因此，在規畫顧客旅程（Customer Journey）[15]時，應該在投放廣告前，先透過公關行銷或體驗型活動與消費者初步建立聯繫，如此一來，廣告的影響力將會更加顯著。

15 顧客和品牌互動的整段過程。

10　AI成為最值得信賴的人

EIEEB模型的獨特之處，在於它描繪出「價值共創的正和社會」。這是什麼意思？我們可以從以下兩點解釋：

1. 消費者期望實現的「理想購買流程」

EIEEB模型是Z世代的理想購物流程。若企業方能理解消費者期待的購物體驗，調整行銷策略、營造良好的顧客關係，如此甚至能促使社會經濟朝更適切的方向發展。

此模型不僅適用於Z世代，目前也已證實同樣適用於X世代與Y世代。在二〇二〇年日本行銷協會與我們研討團隊共同舉辦的「未來．行銷研究會」中，學生們首次向業界公開展示EIEEB模型。當時，不少企業對此深感興趣，並開始與我們展開產學合作研究計畫，探討如何在行銷實務落實EIEEB模型。

產學合作計畫的其中一環，就是與INTAGE公司共同研究。我們提出一個假設：EIEEB模型可能不只適用於Z世代，在更年長的世代間也通用。基於這項假設，我們針對X世代、Y世代及Z世代進行調查，最終證實這個模型在三個世代之間，在統計學上都具備適用性。

這項研究的詳細內容，可參閱二〇二三年由INTAGE事業開發本部先端技術部（當時的部門名稱）的穴澤純也先生，以及我們的研究室共同發表於日本行銷學會的論文：〈EIEEB：Z世代的新型態消費行為模型與定量驗證〉[16]。

EIEEB模型不限於特定世代，而是所有消費者都期許實現的理想購買流程。

2. 讓「相互激勵」的理念在社會中形成循環

與AIDMA或AISAS模型不同，EIEEB模型不是以注意（A）和興趣（I）為起點，最後導向購買行動（A）的線性模型，而是以「產生共鳴的世界觀」為起點，經由社群媒體不斷循環與擴展，讓社群彼此串聯，才逐漸浮現市場需求。

在根據ＥＩＥＥＢ模型規畫顧客旅程時，與其依循傳統行銷漏斗（Marketing Funnel）[17]概念，將消費者一步步引導至購買點，不如確保購物體驗能夠延續心動感。此外，還能透過設計社群中的連結機制，串聯消費者想相互激勵的心情，進而在社會中形成良性循環。

總結來說，ＥＩＥＥＢ模型是一種以社群媒體上的共鳴為出發點的購買模式。當消費者對某個對象（人或商品）產生共鳴時，會基於應援的心態強化購買動機，並透過分享，與周遭的人們相互激勵。

這一連串行為的概念建立在利他主義上，不單只是滿足個人的幸福感或自我肯定感，而是透過與人連結，互相提升幸福感，並在社會上循環，這或許是正和社會的價值共創理念。

ＥＩＥＥＢ模型是否會延續至α世代，也是我們目前最關注的研究課題。截至今

16 https://www.j-mac.or.jp/wp/dtl.php?wp_id=129。

17 顧客購物心路歷程地圖，從多到少、從寬到窄的選擇過程。

日，多數α世代仍是小學生，購買行為主要由父母代為執行。

不過，年紀較長的α世代已經開始就讀國中，並擁有自己的智慧型手機和社群帳號，逐漸擁有獨立購物的能力。因此，從二〇二四年起，我們也開始針對α世代的消費行為展開研究。

我們認為，**EIEEB模型的核心理念，就是「持續的心動感」、「想找到真正適合自己的商品」，以及「利他主義」所驅使的購買行為，這些理念也將延續到α世代。**

但是，隨著AI滲透人們的日常，EIEEB模型也可能透過智慧型手機或其他新興設備，進化為更加自動化的購買流程。

隨著AI成為日常生活中理所當然的存在，消費者蒐集資訊的方式也可能產生以下變化：

- 事先篩選值得信賴的資訊來源，不再花費大量時間搜尋。
- **AI將成為最了解消費者個人喜好的存在，以及最值得信賴的代理人，**並運用於各項需求。未來可能取代部分資訊發布者（如網紅）。

當消費者運用ＡＩ技術來篩選資訊時，行銷直接面對的將不再是真人，而是使用ＡＩ代理系統的消費者。未來的消費行為可能會出現各種變化，其中我們最希望深入探討的是ＥＩＥＥＢ模型的主場——社群媒體上的界限將如何影響行銷策略的發展趨勢。

11 不要強行幫我貼上標籤

EIEEB模型所展現出的購買行為，在Z世代逐漸過渡到α世代的過程中，人與人之間的連結，也就是社群的形態，正在產生變化，也推動行銷策略隨之進化。

那麼，在接下來的時代，人們對於社群又抱持著什麼樣的期許？在針對大學生、小學生，以及他們母親的調查中，我們也問到對社群的認知，並開放自由回答。

母親們的答案都相當有趣。大學生的母親認為社群是「能夠彼此關心、相互幫助，但仍保持適當距離感而令人感到舒適的場所」，小學生的母親則表示社群是「在適當的距離下，彼此關心、互相幫助的連結」，兩者的認知沒有太大差異（見下頁圖表4-12）。

大學生則多以描述性的形容來解釋社群，例如「因共同興趣而聚集在一起的夥伴」、「透過網路見面、聯繫的地方」（見第二五二頁圖表4-13）。不過，在後續的

圖表 4-12　Z 世代與 α 世代的母親對社群的看法

Q. 請問你對於「社群」這個詞，抱有什麼印象或看法？

Z 世代大學生的母親

能夠彼此關心、相互幫助，但仍保持適當的距離感，
令人感到舒適的場所。

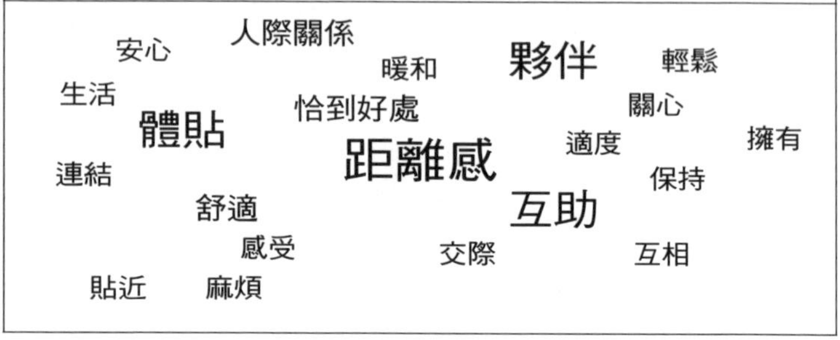

α 世代小學生的母親

在適當的距離下，彼此關心、互相幫助的連結。

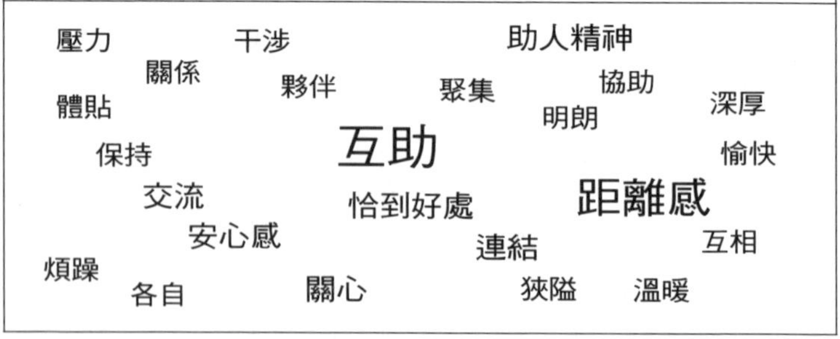

出處／產業能率大學 小々馬研究室與 INTAGE 共同調查
「以 Z、α 世代的母親為對象的全國調查」（2022 年 9 月）

訪談中，我們發現大學生也較傾向建立弱連接[18]的社群型態。

當我們詢問大學生對社群的看法時，他們的回答是：「我們沒有那麼想跟別人產生強烈的連結。」

從過往的研究經驗中，當受訪者在表達意見時加上「沒有那麼」等語句時，後續句子通常透露他們的真實想法。從這句話中，我們可以看出大學生們不願意深入參與某個社群，或是在其中暴露過多的個人資訊，因為這很可能帶來不必要的麻煩。

相較之下，**與他人保持適當距離、維持較弱的連結，反而讓人感到輕鬆自在**。這種對於「社群應該讓人感到舒適，並能彼此尊重」的期望，其實與年長世代的想法是一致的。由此可見，對於弱連接的需求，正在不同世代間逐漸萌芽。

我們曾在第三章提到社群媒體社會所衍生出的界限社群現象，這正是弱連接的象徵。在現今社群媒體社會中，社交互動帶來大量的雜音及壓力，這使人們更渴望迴避

18 以社交互動頻率可以將人際關係簡單分為強連接和弱連接，弱連接指社交空間較廣，但是交流、互動機率較低。

圖表 4-13　大學生對社群的看法

Q. 請問你對於「社群」這個詞，抱有什麼印象或看法？

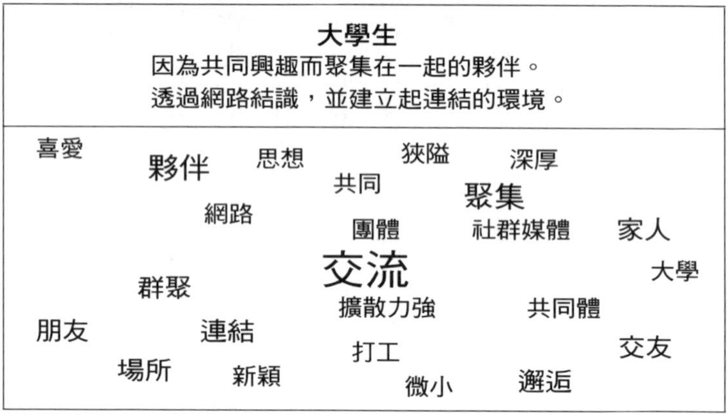

出處／產業能率大學 經營學系（2022 年 11 月）

不必要的連結，轉而追求維持適當距離、能夠輕鬆互動的社群模式。因此，弱連接關係也將成為未來行銷策略上的重要概念。

界限已經開始在社群平臺上逐漸成形。在這些社群中，人們會相互影響，使消費行為更加活絡。換句話說，界限已然成為潛在的市場機會，其中匯聚擁有相似興趣、消費習慣的客群。我們的研究團隊正關注這些社群內部的「群體動力（熱情）」，並將這種建立於界限社群的全新行銷模式，暫稱為「界限行銷」，持續探討未來發展的可能性。

傳統的行銷模式以人為對象（目標），界限行銷則是將人的想法視作行銷的核心概念。當行銷策略直接鎖定個人，難免會與對方的價值觀產生衝突，甚至帶來令人厭煩的壓力。相較之下，透過「想法的共鳴」建立較為輕鬆的連結，反而能帶來更自在的交流氛圍，為人與人之間的互動加溫。

人際連結方式的變化，也將改變未來的行銷策略。接著，讓我們來比較傳統以STP為主的行銷模式，與聚焦於界限行銷間的差異（見下頁圖表4-14）。

在STP行銷中，通常會先將整體市場區隔（Segmentation），從中選擇特定的目標族群，再依據該族群的特性或價值觀，將消費者歸類為「〇〇類型」或「〇〇風格」的群體。

然而，根據我在行銷實務上的經驗，這樣劃分出的族群，在現實社會中缺乏辨識度。雖然市場調查與聚類分析可以協助我們掌握市場結構，並估算不同族群的規模，但這些經過分類的群體，不一定會以具體的形式存在。當行銷人試圖鎖定這些目標族群時，難免懷疑：「我所定義的目標客群，或許只是自己腦海中的假設？」

圖表 4-14　STP 行銷中的目標族群與界限社群的差異

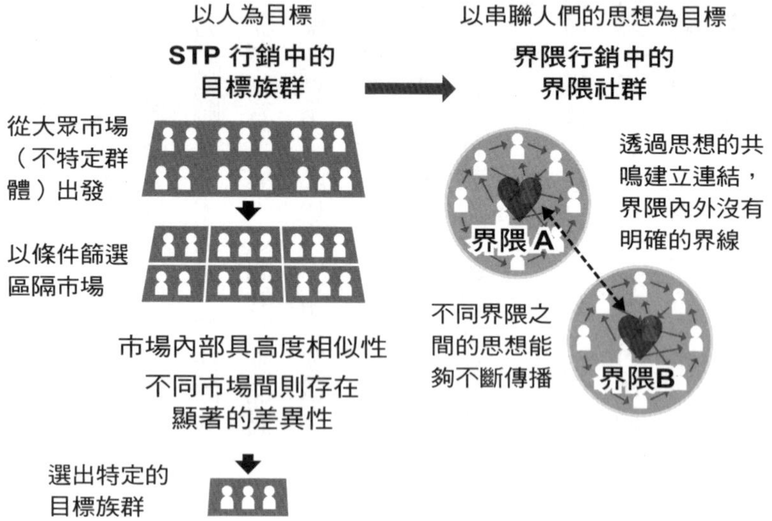

過去，針對這些難以具體辨識的族群，通常會選擇大眾媒體投放廣告，例如在電視廣告全面撒網，或是選擇擁有特定讀者群的雜誌。

在設定目標客群時，行銷人員雖然應設法尋找真正需要這項產品的人，但仍會不自覺的優先鎖定最容易做出購買決策、最容易成交的消費者族群。這種以短期利益為導向的行銷策略，雖然能立即帶來銷售成長，卻難以建立長期且穩定的收益，導致行銷人員必須不斷重複操作相同策略，因此產生職業倦怠與挫折感。

STP分析在一九八〇至一九九〇年代正式系統化，當時的市場環境使其合理的發揮作用，同時也能達成一定效果。然而，隨著社群媒體普及，在進入二〇一〇年代之後，以鎖定目標客群為主軸的行銷方式，開始顯得成效不彰。

二〇一四年，我們以女高中生和女大學生為調查對象，進行一項有關時尚風格的聚類分析。

透過數據分析，我們歸納出五至七種時尚風格類型。但是，調查結果顯示，這些學生並不特別認為自己屬於某種特定風格。相反的，她們會根據外出當天的行程、地點，甚至是同行友人來調整自己的穿搭，適時切換並享受不同的時尚風格。

訪談中許多人都表示：「請不要把我歸類成〇〇系的女生。」當時，媒體和雜誌上充斥著山系女孩[19]、攝影系女子、棒球女孩等詞彙，但女性普遍認為，被他人強行貼上標籤是一件超煩人的事情。

19 喜好登山，登山時穿著令人耳目一新且具備機能性的服裝。

在區隔市場時，通常會假設每個市場中具備高度的相似性，不同市場之間則存在顯著的差異性。因此，行銷策略也會以價值觀相近的族群為預設目標。在這樣的群體中，容易形成明確的階級制度，使某些人長期占據優勢地位，進而產生競爭或比較心理。在這個強調多元化的時代，人們越來越希望迴避這種以價值觀區別人際關係的做法，其中尤以容易感到麻煩的年輕族群最明顯。

來到多元價值觀蓬勃發展的時代，社會中不僅充滿各式各樣的風格與觀點，個體本身也開始擁有更多元化的自我認同與世界觀。如果忽視這些變化，仍沿用傳統「你是〇〇系」等單一分類的標籤式行銷手法，恐怕將無法獲得新一代消費者的認同。

界限社群取代以價值觀為基礎的群體概念，正如第三章介紹，它是一種由擁有共同興趣、文化背景，以及相似世界觀的人所組成的弱連接社群。

由於這些界限在社群媒體上十分活躍，企業方很輕易就能接觸，也能直接觀察相關動態。雖然每個界限的規模相對較小（由數千人至數萬人組成），但核心在於人們的思想，這種以共鳴為基礎的連結，具有高度的熱情，形成輕鬆又深厚的關係。共鳴能營造支持與互相激勵的氛圍，使界限內部的互動更加頻繁，催生出新的價值與創意，也使購買行為變得更加活躍。

此外，界限雖然有內與外的概念，但其界線並不明確，且具有高度的開放性，因此較不易形成排外的封閉性群體。正因如此，某個界限中流行的話題或趨勢，很容易向其他界限擴散，並逐漸累積影響力，最終產生特定領域或主題的市場需求。

界限行銷最大的不同，在於它是運用人們的思想在社會傳播與循環過程中，自然形成的「感染力」。

12 不受性別、年齡等社會框架限制

傳統行銷思維將逐步進化成以人的想法為主軸、能輕鬆連結的界限行銷，這樣的轉變在社群媒體蓬勃發展的時代，幾乎是必然的結果。

接下來，我們將從網路技術的演進，了解界限行銷的發展，以及未來的可能性。隨著網路技術進步，市場的行銷策略也不斷演變。例如，一九九〇年代隨著資料庫管理技術發展，企業開始能夠存取顧客的購買紀錄、個人資訊等，並導入客戶關係管理系統，專注於收益性較高的客群。這也代表行銷策略的核心從消費者轉向顧客。

進入二〇一〇年代，社群媒體開始興起，行銷模式的核心也逐漸轉變成具有影響力的個人，促成網紅行銷的風潮。

到了二〇二〇年代，網路環境從中央集權發展為自主分散的社群架構。這些分散式社群的規模相對較小，但仍能透過輕鬆卻深刻的共鳴，形成可長期持續的連結。

圖表 4-15　網路、社群的演變及其對行銷模式的影響

1980 年代～2000 年代，從以消費者為主軸，轉向以顧客為導向的時代。	2010 年代經歷以人為核心的時代，2020 年代則進入以人的想法為核心的時代。
行銷策略以人為主要目標。	界限行銷策略以串聯人的想法為主軸。
將優先程度較高的消費者族群設為目標對象。	透過共鳴，建立既輕鬆又深厚的連結，培養可持續的關係。
依照顧客忠誠度與購買紀錄區分等級。	界限社群內部具備高度熱情。避免建立階級制度與社群內部權力不對等。
尋找並培養收益性高的顧客，並提升顧客終身價值（LTV）。	想法能夠跨界限傳播，並擴散開來（在社會中循環）。

分散式的網路環境，推動界限社群的出現

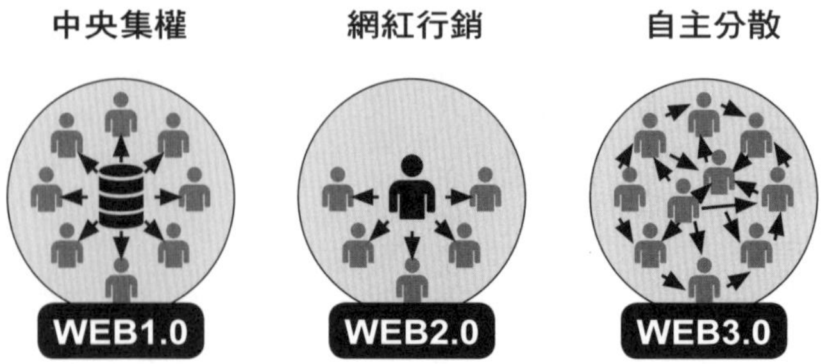

α世代自幼便習慣在線上遊戲等虛擬空間中，以輕鬆的方式與人互動，能不受性別、年齡等社會框架的限制，自由展現自我，這樣的環境也令他們感到自在。

Z世代則傾向在現實世界與社群媒體上，分別參與各種社群，但他們也容易因為社群內的階級制度與社會壓力而產生社群疲勞。因此，他們更渴望建立輕鬆的人際關係，並投入舒適的社群環境。

人們對界限社群最大的期待，就是帶來舒適感。在這些社群中，不用暴露個人身分，就能放心、輕鬆的與他人交流。這樣的環境必須具備以下三種特質，才能讓人們真正樂意參與：

- 能夠感覺到自己的個人特色獲得他人尊重。
- 界限中的資訊具有可信度。
- 沒有階級制度或權力不對等的問題。

若行銷活動能滿足這些需求，就能提高消費者的接受程度。

13 從粉絲經濟到共鳴經濟

在界限社群中，企業或品牌與消費者之間的關係又將如何發展？

企業經常用到「粉絲」這個詞。當然，對品牌高度認同，並積極購買、推薦產品的忠誠客戶，對事業的永續經營相當重要。然而重要的是，消費者並不一定熱衷參與企業主導的社群活動。

Z世代大學生表示：「我覺得這個品牌不錯才買來用，但被稱為粉絲好像有點太誇張了，我也不會想加入粉絲社群。」、「被當作粉絲好像有點不自在。而且，如果是以買越多回饋越多等方式，讓人留在社群中，反而會感覺到壓力。」

這些回應顯示，企業行銷跟消費者認為的粉絲，兩者間似乎存在不小的落差。因此，我們請學生以繪圖的方式，解釋粉絲、應援以及界限的差別，並進一步比較這三種類型的消費模式。

圖表 4-16　大學生對於粉絲、應援、界限的認知差異

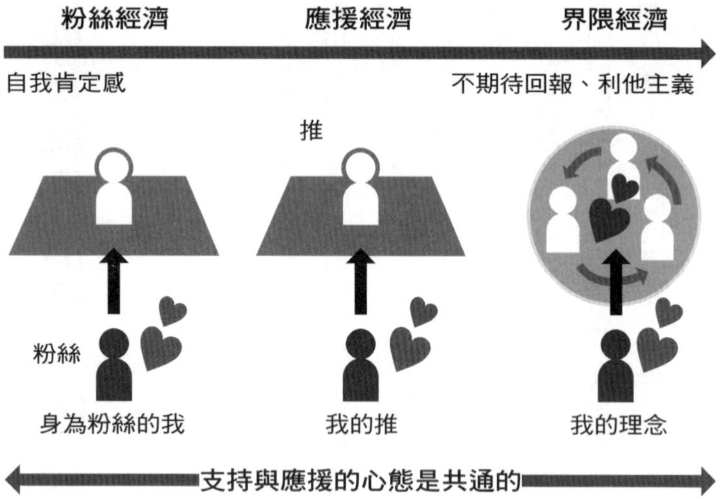

這三個概念的共通點在於，消費者皆抱持「希望支持對方成長」的心態。此外，與昭和時期偶像時代[20]跟平成時期魅力偶像時代[21]不同，這三者的概念並非單純建立於憧憬之上。

隨著「粉絲→應援→界限」的發展，利他主義的行動越來越明顯，並且擺脫「期待回報」的心理。

學生們簡單繪製了一張「舞臺與觀眾席」示意圖，說明這三種概念的差異（見圖4-16）。

- 粉絲經濟：舞臺上是偶像或品牌，臺下的我身為粉絲，會透過購買CD、周邊商品來滿足自己的喜好。
- 應援經濟：舞臺上是應援對象，而臺下的我會全心全意的投入情感，並為了支持「推」[22]而毫不猶豫的投入金錢，希望能親身參與他們的成長歷程。
- 界限經濟：其核心建立於「共鳴」的情感連結上。希望與其他擁有相似價值觀的人建立連結，透過交流和支持，使這份共鳴更加強烈。不期待任何回報，只要能對某個人或某個理念有所幫助，就能感受到這裡是舒適的場所。

從這些想法看來，不難理解為何許多消費者對品牌擅自將自己稱作粉絲會感到一

20 一九七〇年代至一九八〇年代。偶像的穿著、談吐、感情生活都受到嚴格管理，像是被打造出來的夢幻存在，粉絲對他們懷有的是「純粹的憧憬與遠望」。

21 大約從一九九〇年代後半到二〇〇〇年代前半。在這個時代中，偶像擁有壓倒性的個人魅力與存在感，成為年輕人追逐時尚與生活方式的象徵。

22 出自日語，原意是推薦，當名詞使用時，表示支持、喜歡的明星。

絲不協調。

那麼，消費者是否能夠成為品牌的粉絲，或是為品牌應援？

從結論來說，在這個時代，品牌與消費者要形成這樣的關係並不容易。或許在某些參與度高的產品類別中仍有可能，但從學生們的談話內容來看，品牌的吸引力不只取決於消費者對某種類別的熱忱（憧憬或堅持），而更受「品牌與自己感興趣的領域是否有關」以及「能否產生深刻共鳴」這兩點所影響。

基於這些觀察，最符合現今時代需求的方式，應該是透過界限這種以共鳴為基礎的社群，與消費者建立關係。**界限社群的核心並非個人，而是共享的價值觀**。人們會在這樣的社群中，以對等關係建立連結。因此，在界限中，企業與消費者不再站在對立的立場，而是能夠相互應援的關係。

既然如此，品牌或企業該如何融入界限社群？我們可以從品牌的定位與角色思考起。

企業與品牌立足於人類社會。因此，它們的角色應該要致力於提升界限社群的舒適度，並幫助人們減少來自社群媒體的心理負擔。

圖表 4-17　品牌的定位與角色

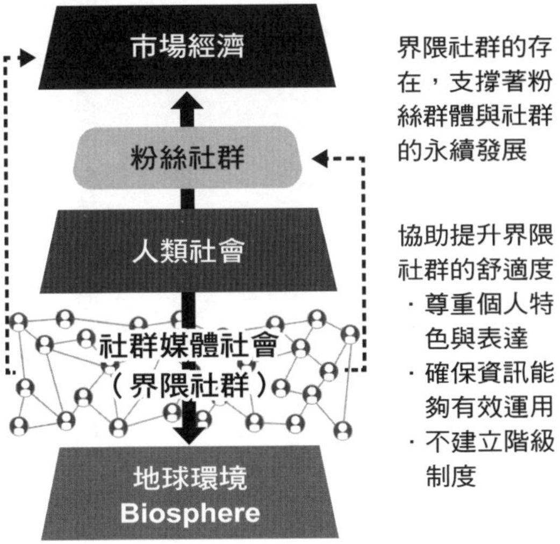
將界限社群內誕生的價值與創意轉化為經濟價值（轉化為貨幣）

至於該以什麼方式介入，目前可以考慮兩種主要方向。一是成為界限社群的平臺提供者，也就是打造一個能讓人們安心互動、自在交流的環境。二是品牌本身也成為共鳴者，與界限內的人們建立平等的關係，一同參與。

此外，在界限社群中，企業與品牌通常會扮演傳遞資訊（訊息）的角色，但須留意的是，這些訊息不應過度強調立場，以免讓人感覺太過主觀，或被迫接受官方的觀點而被忽略。

最後，**企業與品牌還肩負著一**

項重要的社會使命，那就是將界限社群所產生的熱情、價值和創意，轉換成實際的經濟價值，並連結市場經濟。

傳統的粉絲社群，主要著重最大化核心粉絲的顧客終身價值，因此運作方式較貼近市場經濟。相對的，當企業與品牌積極營造界限社群內的自由度與活躍度，就更容易獲得消費者的認同與支持、增強品牌在核心粉絲社群中的影響力。

最終，這樣的互動將形成一種良性循環，使品牌事業在市場中提升持續性與成長潛力。

對談 4

以AI為溝通媒介的社會

Z世代與α世代在社群意識與人際關係方面，展現與過往世代截然不同的特性。當企業將這些世代視作主要客群時，該如何有效運用社群媒體與他們溝通？關於社群行銷的應用與年輕族群的未來趨勢，我們訪問了來自日本廣告公司電通媒體創新實驗室，專門研究此領域的主任天野彬先生。

天野彬

日本電通媒體創新實驗室主任研究員。

東京大學學際情報學府碩士，專攻年輕世代的媒體使用行為、消費模式與社群媒體趨勢研究及顧問諮詢。著作包括《新世代經濟誕生自智慧型手機——短影音時代的社群行銷》、《社群媒體變遷史》，並共同參與編撰《資訊媒體白皮書》、《廣告白皮書》等書（以上中文書名皆暫譯）。《日經Think! Expert》專欄評論員與明治學院大學社會系兼任講師。二〇二四年受邀擔任TikTok for Business Japan Awards Creative Category評審。

小々馬敦（以下簡稱小々馬）：觀察現在的大學生可以發現，他們第一次接觸到某項商品的契機，幾乎都不是來自廣告，而是先看到UGC，當他們發現商品符合自己的風格時，才會留意相關廣告。假如某一款商品缺乏能夠表現風格或氛圍的優質UGC，在篩選過程中很快就會被消費者排除。

天野彬（以下簡稱天野）：近年來，企業發布的內容也越來越貼近UGC風格。從本質上來說，廣告的原意是為了提升消費者與企業品牌之間的相關性（Relevance），雖然可以經常聽到現代人說討厭看廣告，但其實過去人們也不太可能抱持「我要看廣告」的心態。

因此，廣告的價值在於透過說服式的溝通，讓原本沒有興趣的潛在顧客意識到：其實這款商品剛好可以解決我的困擾，或是連這位藝人都在用，我也可以試試看。

與過去不同的是，**現代消費者具備主動篩選資訊的能力，且更容易接受來自同樣興趣的朋友或網紅推薦的內容**。因此，UGC的重要性與日俱增。過去藉由廣告強化相關性的說服式溝通，逐漸轉變成以共鳴為主軸的口碑式傳播。這樣的趨勢，也將成為未來行銷主流。

小々馬：在第三章對談3中，SHIBUYA109 lab. 的長田麻衣女士曾提到，Z世代已經開始出現社群疲勞的徵兆。他們為了不做出錯誤的選擇，需要不斷搜尋資訊，這樣的過程其實相當耗時、費工，也容易讓他們厭倦在社群媒體上輕易建立的人際關係。在這樣的社群疲勞現象中，天野先生認為未來的社群媒體社會將出現什麼變化？

天野：確實，我認為社群媒體目前正處於轉型期。

特別是在美國，社群媒體對年輕族群心理健康造成的影響，已經成為社會問題，部分州甚至開始立法限制青少年使用社群媒體。此外，使用者在社群媒體上的人際關係，也逐漸從開放的社交平臺轉向更封閉、舒適的環境，例如更常使用即時通訊軟體，或是將 Instagram 和 X 設為私人帳號，逐步縮小社交範圍，使社群變得封閉。

小々馬：也因為現在的社群環境更加封閉，企業很難參與其中。不過，如果我們把社群媒體上的社交，視作界限這類輕鬆的連結，那這些社群就不至於完全封閉、排斥外界。

跟傳統社群不太一樣的是，界限沒有固定的框架，聚集一群懷抱高度熱忱的成員，如漸層一般向外擴展，因此邊界模糊，有時甚至會與其他界限相互重疊。

Z 世代不喜歡社群內存在階級制度，也不願意因為參與某個社群而被迫展現熱情。他們偏好即使只是稍微有興趣，也能輕鬆加入的弱連接社群。這種以「輕鬆連結」為特徵的社群，或許也正是企業與消費者維繫良好關係的關鍵。

天野：如今，企業與品牌的策略，已從吸引消費者轉變為企業主動接近消費者。這樣的趨勢一直是網際網路發展的主軸，而元宇宙也是同樣的概念。企業應該思考，如何將品牌的概念與消費者的活動範圍結合，打造能夠吸引人們自然參與的體驗。

小々馬：建立這樣的場所，確實是企業所應承擔的角色。而且，我認為企業也應當負責確保社群中的資訊安全，打造一個能讓消費者安心交流、自在互動的環境。

當企業願意提供這樣的環境，並讓消費者感受到這份誠意時，自然能鞏固企業的信譽，讓消費者更容易信賴品牌、商品或服務，願意長期使用、回購。換句話說，這將直接提升顧客終身價值，為企業帶來長遠的收益。

天野：您認為未來品牌業務將如何發展？這或許會因為產業而有所不同，但以時尚產業來說，Z世代與α世代的消費者，已經開始購買服飾來裝扮自己在遊戲中的虛擬化身。奢侈品牌巧妙的運用自身品牌價值販售數位資產，這顯示出品牌影響力在資訊經濟時代，也同樣能夠發揮極大的作用。

小々馬：但另一方面，我認為符號化或抽象化的品牌形象，已經難以發揮過往的影響力。

一九八〇年代後，資訊氾濫的時代來臨，品牌符號化——讓消費者能立即從標誌辨識出品牌——曾經是消費者選擇商品時的重要參考指標。但是，現在的大學生對這種類型的品牌已經不再感興趣。**對他們而言，利用品牌展現個人的價值觀或生活風格，其實並不是那麼重要，他們更在乎品牌的理念與行動，是否能與自己產生共鳴。**

從應援文化中也可以發現，他們更在意自己支持什麼樣的信念，而支持行為則是讓他們感受到自我認同的方式。因此，抽象的品牌溝通模式正逐漸失去影響力，相對的，我開始思考品牌是否應該更直接的傳達企業的理念與價值觀。

來到 α 世代，他們的溝通對象甚至不再局限於人，只要能讓他們感受到人性的對象，就能與之互動。當這群人長大後，會逐漸成為社會的核心力量，並參與行銷、廣告製作。我想，未來的品牌策略也勢必將隨之改變。

天野：二〇一〇年代，街頭時尚與奢侈品牌開始融合，凸顯標誌的風潮崛起，許多精品品牌紛紛將品牌符號設計得十分顯眼，並積極推動這種「大標誌」風格。當時的消費者也期待能在社群媒體上傳吸睛美照，因此樂於接受這股潮流。

然而，這樣的趨勢如今已經開始反轉，大眾開始更加重視品牌背後的實質價值。不過，人們表現欲望的方式仍有跡可循：從社會性來看，我們或多或少都渴望某程度的炫耀心理。為了在社群媒體吸引他人的目光，消費者仍會持續追求具有話題性的商品，因此這類產品仍會存在於市場中。

不願花時間找資訊的 α 世代

天野：網紅行銷的模式也正逐漸出現改變。早期，品牌通常會選擇擁有大量粉絲、傳播力較高的網紅協助宣傳，但是，近來人們開始質疑這種做法的公信力。

例如，某位網紅擁有大量粉絲，從未發表美妝相關內容，某天卻突然開始推薦化妝品，便很難說服觀眾買單；相反的，若是一位長期分享美妝心得的創作者發表評測，則會更具意義及說服力。換句話說，現今的行銷趨勢，更注重內容的真實性。

社群平臺的演算法也反映出這樣的變化。如今，相較於擁有較多追蹤人數的帳號貼文，系統更傾向推薦能引發更多正面互動的內容。這意味著，擁有大量追蹤數的帳號，價值相對下降。無論從演算法還是使用者的角度看，真實性都越來越受到重視。

小々馬：我認為，α 世代或許即將成為「不願花時間搜尋商品資訊」的世代。他們傾向直接讓ＡＩ幫自己尋找最適合的產品，即使仍會主動留意資訊，也只會選擇自己信任的特定平臺。

如果這種趨勢繼續發展下去，網紅的立場可能隨之改變。另一方面，原本就具有高度公信力的企業官方資訊，可信度也將進一步提升。因此，企業未來需要思考的關鍵課題，將會是如何提供一個資訊值得信賴、且能持續改善演算法體驗的社群平臺。

天野：的確，未來很可能只會剩下真正具備可信度的少數網紅，只有這樣才能在市場上持續生存下去。

近年來，我們可以看到ＡＩ逐漸成為整理資訊的工具。例如 Yahoo! 新聞的留言區，現在已經能透過ＡＩ分析，總結大部分留言對該則新聞的看法。這樣的資訊篩選與整理機制，未來只會越來越普及。

在這樣的環境下，出色的個人觀點或許仍會被保留，但來自「一般人」的團體意見會經過ＡＩ的過濾與整理，更清晰、去蕪存菁的呈現。

小々馬：也就是說，現在已經能看出社會和界限中的中庸立場是什麼。α世代就是擁有這種感覺的一群人，而這個中庸的共識就是他們認為的正確答案。

由於每個人的價值觀與意識形態不盡相同，即便花費大量時間辯論、尋找解方，最終還是很難得到一個所有人都滿意的答案。因此，**α世代傾向先了解多數人的共識，並以這個中庸的立場為標準，再思考如何採取行動，以實現更理想的目標。**

在這個過程中，ＡＩ工具能妥善發揮功能，打造一個安全、安心且舒適的社群環境，這也是我們對α世代寄予的厚望。

天野：另一個有趣的現象，就是社群媒體上的推薦機制。近年來，演算法不斷進化，現在已經能夠更精準的推薦符合使用者興趣的內容。我們曾調查使用者對ＡＩ推薦內容的接受度，結果顯示，不分世代、族群，人們大都不抗拒ＡＩ所推薦的資訊。

這點讓我有些意外，我原本預期會有不少人認為資訊應該要由人們自行篩選，但其實只要能透過ＡＩ找到需要的資訊，那也沒什麼不好的。

這讓我深刻體認到，人們對科技的抗拒感正逐漸降低。與其敏感的排斥ＡＩ介入篩選資訊的過程，人們反而傾向於思考如何積極運用ＡＩ使生活更方便，這無疑也是更有建設性的發展方向。

小々馬：最後，您認為二〇三〇年代的社群媒體，將發展成什麼樣的工具？

天野：擁有十億用戶規模的社群平臺沒有那麼容易誕生，且由於網路效應（network effect）[23]，他們已經鞏固了市場地位，因此短期內應該不會再出現新的競爭者。

不過，這些既有平臺應該會持續增加新功能，或是升級系統。所以，二〇三〇年代的社群媒體，基本上還是會延續現在的模式。

值得關注的是，ＡＩ手機[24]的普及可能會改變人與人之間的連結方式。根據調查數據顯示，二〇二四年ＡＩ手機的普及率為八％，也就是每十二個人大約只有一個人擁有。三年之後，這個比例預估將提升到每五人就有兩個人持有（四〇％）。

即使如此，由於人們想與他人產生連結的渴望不會改變，社群媒體仍會持續存在。但是，當人們開始能夠自由活用個人專屬ＡＩ時，使用者、社群媒體與ＡＩ間的關係可能出現變化。

此外，從創作者經濟[25]的角度看來，α世代等年輕族群將逐漸運用ＡＩ創作與發布作品。未來企業與品牌如何應對這股趨勢，或許將震撼整個市場。

---

23 當消費者選用某種商品或服務時，使用者越多，獲得的利益或效用越大。因此消費者會偏好使用擁有更多使用者的平臺。

24 與普通智慧型手機的最大差別在於，手機有內建AI專門的處理器。

25 個人或小團隊透過網路平臺創作內容，並直接從觀眾身上獲得收入的模式。

第五章

未來社會，人們如何感受到幸福？

1 經典品牌得以延續的重要關鍵

在最後一章，我想聊聊這十年間，我指導大學研究所課程時，與學生們共度時光的各種見聞，以及實際與 α 世代交流後所獲得的啟發。

「行銷的本質究竟是什麼？」

這是我從二十歲至三十多歲，還在廣告公司任職時不斷思考的問題。

工作，日文寫作「仕事」，本身帶有「服務」的含意，英文則是 Serve。於是我心想：我該如何透過工作，為這個社會提供價值（服務）？

幾十年來，我任職於廣告公司和品牌顧問公司時，透過各種實務經驗不斷探索這個問題。最終，我的答案出乎意料的簡單：「**行銷，是一份為人們帶來幸福的工作。**」這個信念，至今仍是我在行銷實務與教學上最為重視的核心價值。

之所以得出這個結論，是因為在我過去曾參與的眾多行銷規畫中，**能夠長久**

維持市場地位的品牌，它們的核心概念幾乎都圍繞著幸福（Happiness）與微笑（Smile）。

例如，可口可樂（Coca-Cola）的 Happiness、日本零食 Pocky 的 Share Happiness、麥當勞（McDonald's）的 Smile 等，這些品牌的行銷主軸幾乎都跟幸福感有關。如果觀察日常生活中的各種經典品牌，也能發現這種模式十分常見。

當行銷人在規畫品牌推廣計畫時，通常會先聚焦於產品的特色或利益點，設計獨特的行銷訊息。但對於那些歷久不衰的品牌而言，它們的產品優勢早已盡數傳達給消費者，於是行銷策略逐漸轉向品牌與幸福的關聯。像是：「〇〇總是存在於那些幸福的時刻」、「有了〇〇，就能讓人體驗幸福與笑容」等。

這樣的行銷手法讓品牌得以跨越世代，與人們的幸福時刻緊密相連，並深深烙印在記憶中。隨著時光推移，這些品牌不僅跨越世代，其普遍性代代相傳，更成為理所當然、無法取代的存在，也是經典品牌得以延續的重要關鍵。

當我負責這類品牌的行銷規畫時，最先浮現在腦海的問題往往是：「在現今這個時代、這個社會，人們如何感受到幸福？品牌又該如何幫助人們獲得幸福？」這樣的想法成為我做行銷的初衷，也使我對這份工作產生一股心動感，讓身在其中的自己也體會到幸福。

「用行銷讓世界更幸福！」

我們研究室所設定的目標也包含上述理念。只要世界上的行銷人都能發揮這份職業的價值，那麼我相信，未來一定會變得更美好。

行銷人本身也應該意識到，他們的工作將為社會帶來貢獻。透過實際成果，持續提升對社會、對行銷的認知，將奠定行銷在下一個時代持續發展的重要基礎。

2 α世代必須面對的三大災害

二〇二〇年，當全球陷入新冠疫情時，「必要工作者」（essential worker）[1]這個詞開始受到關注。在居家防疫的日子裡，我心中浮現一個疑問：行銷是這個社會不可或缺的工作嗎？

當人們的行動受到限制，許多行銷人也開始感到迷惘：「在這樣的情況下，我該做些什麼？」一方面希望能為社會盡一份心力，另一方面又肩負推動經濟活動的職責，這讓不少行銷人的內心產生矛盾與掙扎。

之所以產生這個疑問，是因為先前埋下的一個伏筆，這令我印象特別深刻。

1　當部分社會與經濟活動因某些原因癱瘓時，仍必須在高風險的工作環境中提供服務的職業，包括醫護人員、物流、警察、農業生產者等。

二〇一九年秋天，研究室迎來了一批新加入的二年級大學生，我們在營隊活動中，舉行了一場以「需求的進化」為主題的討論課程。我們參考馬斯洛需求層次理論（Maslow's hierarchy of needs）的五層金字塔（見左頁圖表 5-1），探討社會對幸福的需求如何隨著時代發展而不斷提升，並進化到更高的層次。

在討論過程中，一位學生突然向我提出了一個問題：「老師，社會的需求確實正在往更高的層次發展，從追求認同感，進一步邁向自我實現，未來甚至可能會演變成對利他精神的需求。我能理解這樣的發展趨勢，但需求是否有可能退回低層次？會不會因為某種原因，使社會重新回到安全需求或是生理需求的階段？」

這個問題帶給我相當大的衝擊。因為我在過去的行銷實務經驗中，總是朝向更高層次發展，將低層次的需求視為早已被滿足。我一直將需求的進化視為一條不可逆的道路，從未想過需求會倒退的可能性。

當下，我直覺的回答：「是啊……如果發生大規模的天災、戰爭等重大危機，或許人們的需求會回歸更基本的層次。」

此刻我才猛然意識到：行銷要建立在和平社會的基礎上才得以運作。也因此，我

圖表 5-1　新時代的行銷，須關注整體社會需求

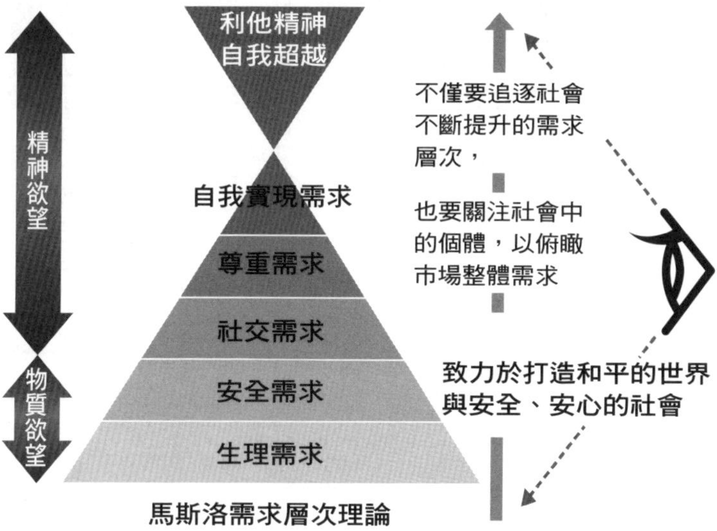

未來的行銷人，必須能夠掌握各項層次的需求

更深刻的感受到，市場和行銷人應該更積極的為打造一個沒有衝突、和平穩定的世界盡一份心力。

在那之後半年，新冠疫情蔓延全球；三年後，烏克蘭戰爭爆發。

過去專注於行銷的世代，能夠以和平社會為前提，專心研究如何推動市場發展，並追逐不斷提升的消費需求。然而，**活躍於這個時代的年輕人必須面對截然不同的現實——除了自然災**

害、病毒威脅，還有戰爭與衝突。行銷不再只是聚焦於追求市場成長，更需要了解世界現況，以打造一個能夠讓人們建立幸福生活基礎、和平且穩定的世界，以及安全、安心的社會環境。

在這個充滿變動的時代，行銷人不可或缺的一項能力，就是能全面觀察社會需求的包容性（Inclusion）。

社會需求並非單面向的朝更高層次發展，而是由於個體的處境不同，呈現出多元化的需求層次。因此，行銷人應以包容性的視角，思考如何讓處於各種情境中的人們都能擁有幸福的生活。

這樣的思維不只能應用在消費者行為上，當社會面臨危機、人們的行動遭受限制時，行銷人也應當有能力判斷，自己的工作在特定狀況之下能發揮什麼樣的作用，以及要採取什麼樣的行動。這樣的使命感與行動力，也應該透過日常的行銷活動，傳遞給社會大眾。

唯有如此，人們才會真正理解——行銷不只是商業活動，也是社會生活中不可或缺的一環，並協助人們認識到，行銷人在這個時代也是必要工作者。

3 藝術思維將發生更大效果

接下來，我們帶著行銷人將活躍於新時代的期待，整理出五項應充分培養的知識與能力，也就是行銷人須具備的素養。值得一提的是，這五項素養，與 α 世代在現今學校教育中培養的能力重疊。

1. 後設認知能力

為實現聯合國二〇三〇年的永續發展目標，企業創造價值的領域已擴展至市場經濟、人類社會、地球環境三大範疇。如今，企業價值的評估公式，也轉變成「企業價值＝經濟價值＋社會價值＋環境價值」。

過去，企業經營的核心目標是以持續經營為基礎。只要企業能夠持續發展、傳承，社會也將隨之成長。但是，這樣的架構已經改變，企業的存續必須建立在與人類社會及地球環境共存共榮之上。因此，企業的經營模式正逐步轉向永續經營。

新時代的行銷人，必須具備更高的視野，全盤掌握這三個領域的變化，並挑戰創造出三者兼顧、相互協調的價值。想達成這個目標，需要具備的就是後設認知能力。後設認知的定義，是覺察自身認知的能力。換句話說，就是能客觀審視自己的思考模式，並適時調整判斷與行動，以做出更適當的決策。

一旦擁有這樣的能力，行銷人在分析消費者行為或社會現象時，更能跳脫自身的主觀視角，站在更高層次的角度審視，並綜觀市場經濟、人類社會、地球環境三大面向，掌握整體的脈絡。當具備這樣的全局視角之後，行銷人才能夠以不同角度掌握事物的本質，做出更冷靜且理性的判斷。

為了實踐界限行銷的概念，打造理想的正和社會，行銷人需要發揮後設認知能力，俯瞰個人、企業、社會與地球環境的整體關係，並促進不同界限之間的連結。這表示，行銷人應當從個體出發，透過界限的影響力，推動社會性的變革與趨勢。

此外，行銷人也要促使社會產生良好的循環，將個體的想法轉化為嶄新的創意，並提升其社會價值。在這段過程中，設法串聯這些想法，激發更多人產生共鳴，將這

圖表 5-2　企業應具備的五大素養

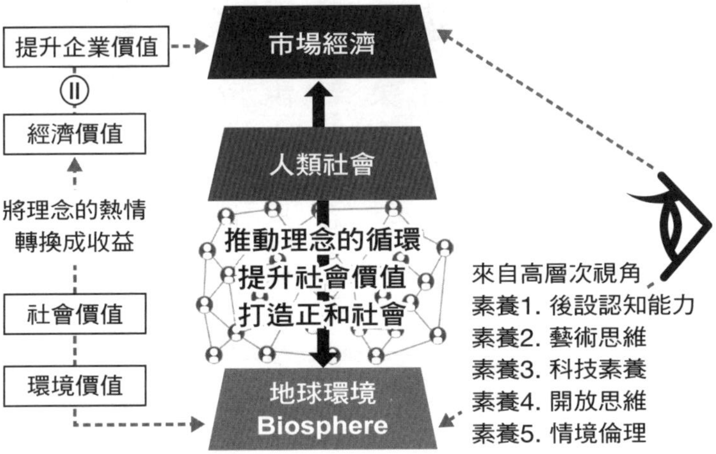

股熱情數據化，轉換成可變現的經濟價值，最終建立一個能夠持續運作的經濟圈。

如此一來，社會價值與經濟價值才能相互結合，進一步提升企業價值，打造出全新的永續經營模式。

2. 藝術思維

α 世代在 STEAM 教育中逐步培養出藝術思維，而現代行銷人較熟悉的則是設計思維，兩者雖然都是發掘及解決問題的方法，但在出發點仍有所差異。

設計思維的核心是以顧客需求為

中心，透過理解顧客的需求與困境，找出關鍵問題，並設計符合顧客需求的最佳解決方案。

相較之下，藝術思維則是從開發者自身的美學觀點與感性出發，關注社會議題或未來願景，並透過創意表達來引發共鳴。這種方式更像是一種向社會拋出「這個想法各位怎麼看？」的提問，類似音樂家或藝術家透過作品傳達自身理念，與社會對話。

一般來說，設計思維適用於現有產品的革新或改良，而藝術思維則更適合從零開始，發想全新產品概念或勾勒未來藍圖。在新時代的行銷策略中，應用藝術思維將發揮更大的效果。

傳統行銷以市場導向為主，也就是提供消費者需要的產品，通常會先調查目標客群的需求，再著手開發商品。而藝術思維的核心，在於先拋出提問「這是我的想法，你怎麼看？」再發表自身理念，吸引消費者參與，並在過程中蒐集他們的意見來開發產品。

藝術思維以實現「我」（行銷人、產品開發者）的理念為起點，並在推動過程中廣納消費者的意見。

經常有企業主動邀請我們研究室的學生共同開發商品：「為了開發以Z世代為客群的商品，希望能更了解現代大學生的需求。」蒐集目標客群的需求，並將其融入產品設計中，這樣的開發方式就屬於典型的市場導向模式。學生們在表達想法的同時，也能根據調查結果給予回饋。不過出乎意料的是，以這種模式開發產品，卻往往不如預期般順利。

關鍵在於，學生們其實更希望深入了解企業或品牌方的理念。他們最在意的是：這家企業有什麼樣的願景？期望透過這款商品實現哪些目標？他們有什麼創新想法？只有在理解這些背景之後，學生們才會產生共鳴，並投入更多熱忱，期待與品牌共創產品。

或許不只是這群大學生，其他消費者也抱持類似的想法。我們將這種共創形式稱作「懷抱理念的產品導向」。這也表示，企業應該先向消費者展示產品理念，才能獲得消費者的感想或意見。在這樣的開發模式下，產品通常能獲得更高的市場接受度。

與其從零開始與使用者共同開發，不如先打造產品原型，再參考使用者的回饋改進，逐步接近理想的形態。這種藝術思維的開發流程，有助於打造普及度高且容易被市場接受的商品。

開發時的重點在於清楚傳達理念，以及在產品設計上保留一定空間，讓使用者的想法能夠融入其中。

我將這個從使用者與社會獲取回饋的過程稱作「使命」（Calling），有「傾聽與領受天音，接受社會的引導」的含意。在制定商品開發、行銷企劃，甚至企業宗旨時，導入藝術思維與使命的概念，能有效提升社會、市場對品牌及產品的接受度。

年輕世代在購買商品前後，習慣透過社群媒體搜尋相關資訊。在這樣的環境下，應用藝術思維開發出的產品，背後的企業或品牌理念較容易脫穎而出，並進一步強化消費者的共鳴，激發他們支持品牌的意願，使商品資訊能夠更有效率的擴散。

但是，光憑藝術思維仍不足以應對現代日漸複雜的社會課題，或解決消費者面臨的多重問題。最理想的做法，是根據不同的狀況靈活組合藝術思維、設計思維、邏輯思維三種創意思維。

舉例來說，在發掘問題階段，可以運用藝術思維發揮美學觀點與感性；在解決問題階段，則融入設計思維，使創意更加精緻、具體；而進入提案階段時，則可以應用

圖表 5-3　設計思維與藝術思維的差異

	設計思維（以顧客為中心）	藝術思維（以自身理念為中心）
發想起點	從同理心出發，發掘顧客所面臨的問題。	從自身的美學與感性出發，解決關心的議題、實現願景。
提案內容	尋找最佳解決方案、設計符合顧客需求的提案。	透過自由發想與想像力，向世界提出全新的創意概念。
適用場景	革新或改良既有的產品與服務。	從零開始開發新產品、勾勒未來的藍圖。

邏輯思維，以清晰、合理的方式向消費者說明。

當然，每個人都有擅長與不擅長的領域，要單憑個人掌握這三種思維並不容易，因此團隊合作就顯得更加重要。在這段過程中，行銷人需要充分理解這三種思維的本質，並在企業內部整合研發、業務、行銷及公關等部門。

3. 科技素養

過去企業經營，經常會面臨二選一的艱難決策。例如，大規模生產雖然能帶來經濟效益，卻可能引發公害問題，企業必須在兩者之間取捨。不過，到了新的時

圖表 5-4　團隊維持平衡的思維方式

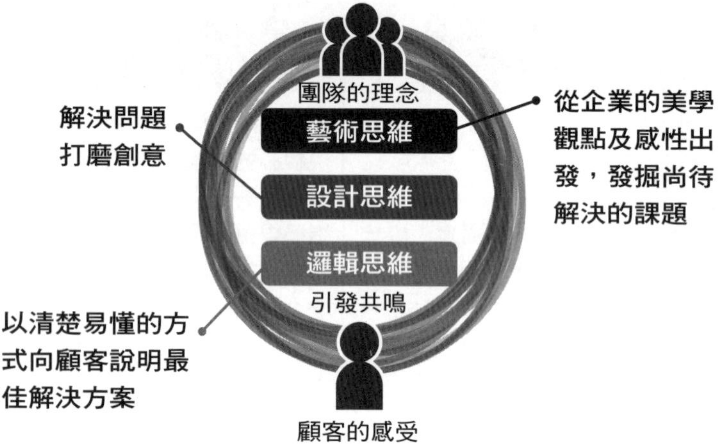

代，科技的進步讓我們得以兼顧。

我在本書提及的未來行銷樣貌，倘若在數十年前，可能只會受到前輩們批評：「你這些都只是理想，現實中的商業世界可不是光靠理想就能夠運作的！」然而，借助科技的力量，我們如今已經能夠採用無須放棄任何一方的決策模式，這也使得企業經營的方式產生了重大的變革。

擁有高度科技素養的 α 世代，從小就習慣運用AI、IoT等技術解決各式問題，並且對此擁有一定自信。新時代的企業也應該時刻關注科技發展，並想像這些技術如何應用於社會。

了解近期的技術發展、預測未來幾年的應用趨勢，持續關注相關資訊，這些都將是企業必須面對的課題。

4. 開放思維

到了二〇三〇年代，將出現許多複雜的社會問題，無法單憑一家企業的技術或資源解決。因此，產學合作、跨產業等開放式創新（Open Innovation）[2]商業模式將更加普及，同業之間也會開始攜手合作，共同推動產業發展。

開放式創新的核心是解決社會問題的共同願景，企業、組織及個人因認同某個目標而聚集，形成開放式的專案型組織，共同推動創新。未來，企業的理念與宗旨將顯得更為重要。

α世代邁入社會後，工作方式將出現顯著的變化。未來的工作環境，將以專案為單位，匯集特定專業技能的人才，並根據不同的專案目標組成團隊，就像在線上遊

2 企業利用外部思想創新、拓展科技，或與合作夥伴一起創新，同時分享風險、盈利。

戲組隊合作一樣。界限社群的概念將進一步發展成更具結構性的專案型合作模式，成員間的熱忱與共鳴，也將成為推動專案成功的關鍵動力。

5. 情境倫理

在日益受到關注的社會議題中，行銷最應該率先面對與解決的，或許是社群媒體資訊的可信度問題。隨著生成式ＡＩ的發展，假訊息的散播變得更加容易，社群媒體上的廣告也常被質疑是否足夠真實。

未來，社會對這類問題只會更加嚴格的看待，而這項挑戰，恐怕將一路延續到二〇三〇年代。而最熟悉數位科技和社群媒體的Ｚ世代與 α 世代，將成為解決這個問題的關鍵力量。

面對社會課題，新時代的企業必須具備比以往更高的倫理意識。消費者為了做出合理的判斷，自然希望獲得真實的資訊，但在強調多元價值的社會中，**正義與道德並非絕對的概念，也沒有正確答案，而是取決於消費者當下所處的時刻與情境。**

為了設計出能夠真正觸動人心的消費體驗，如同ＥＩＥＥＢ模型所示，行銷人需要運用後設認知能力，在「普遍適用的社會倫理」與「符合個別情境的倫理」之間取得平衡，以此提出最適切的解決方案。在未來，ＡＩ或許將在這個過程中發揮輔助作用，協助行銷人做出更精準的判斷。

運用情境倫理時，應特別留意幾個重點。

第一是企業常掛在嘴邊的「貼近消費者」。在某次大學行銷課程的調查中我們發現，學生對這個詞不見得抱持正面的觀感。例如，有人表示：「我不喜歡被不熟的人刻意接近，感覺像被強迫推銷。」

在其他針對社群媒體的調查中，也顯示他們真正期待的是保持適當距離的關懷，而非過度的縮短距離。即便行銷人是希望能更貼近消費者的需求，但如果沒有拿捏好分寸，反而會讓對方感受到壓力。

此外，學生們對於「挖掘洞見」這種說法，似乎也會感受到壓力。行銷人習慣將「洞見」（Insight）理解為潛藏於消費者內心深處的需求，因此經常試圖挖掘這些無意識的心理狀態。

不過，學生們想法卻是：「內心深處的東西，有時是連自己都不願意正視的自卑感，被別人肆意挖掘，還滿讓人反感的。」也有學生表示：「不需要刻意貼近或挖掘，我們也會坦率表達出自己的想法，希望他們願意好好傾聽我們的聲音。其實，只要逛逛社群媒體就能看到我們的心聲，善用『社群聆聽』（Social Listening）[3]應該就夠了吧。」

這些回答引人深思。說不定未來 α 世代會這樣回答：「**如果想了解我，就去問問最懂我的 AI 助理。**」

第二個重點，是企業往往認為消費者對獨特性的接受度較高，但事實上，年輕世代在購買或做決策時，更傾向從普遍性中獲得安全感。他們真正想知道的是：「社會的平均值在哪裡？大多數人認為的標準跟中庸是什麼？」因為了解這些，既能減少做出脫軌決策的不安感，也能作為判斷哪些東西最適合自己的依據。

理解這些年輕世代的心理後，行銷人應該更細心的觀察他們在不同情境下的需求，以提供真正能使他們感到心動的體驗。

---

3 在社群媒體和網路上追蹤及觀察特定字詞、短語如何被提及或被搜尋，並分析數據。

4 二〇三〇年代的嶄新商機

當行銷人具備先前提到的五項素養之後，將更能夠抓住未來全新的商機。以本書中介紹界限社群的理想發展為前提，可以歸納出以下幾種較可能實現的商業模式。

1. 提供舒適的社群環境

這類型的商業模式，專注於協助打造讓界限成員安心交流的環境。

由於界限的熱度將直接轉換為商業價值，確保一個能夠穩定累積熱度的環境就顯得格外重要。因此，**提供新的社群平臺或支援社群營運等業務將成為潛在的商機。**

2. 提供保障可信度的資訊

界限的舒適感來自於資訊的可信度。因此，確保資訊真實性的業務，也可能成為新的商機。

例如，當消費者知道「這個界限由某間企業或品牌經營，所以資訊應該沒問題」時，這樣的信任感將直接影響消費者的購買行為。在特定界限中已建立權威的企業，或是持續提供可靠報導的媒體公司，將在市場中發揮影響力。

3. 將熱度轉換成經濟價值

如果我們將界限視作一個經濟圈，那麼界限內產生的熱度與創意，應該能進一步轉換為可變現的經濟價值。例如，累積界限成員的支持行動，可透過數據化轉換為點數或里程數，再由企業轉換成用於支援界限運作的經濟價值，形成讓界限成員能直接以資金援助支持對象的機制。

這三種商業模式，都將推動正和社會的實現。**無論是哪種模式，都必須建立在消費者認為「這家企業或品牌信譽良好」的前提之下。**因此，企業的真實性將成為未來社會中重要的商業價值來源。

二〇三〇年代，Z世代與α世代將成為社會的中堅分子，這樣的時代已經近在眼前。接下來，我們會發現這群年輕人陸續成為企業的客戶、採購方或廣告主等角色。本書所介紹有關Z世代與α世代的價值觀與行為模式，不只是消費者市場的變遷，也將直接影響整個商業環境。

從這個角度來看，當代的企業已經沒有太多時間可以好好準備，並應對這場即將到來的新時代典範轉移。這不是遙遠的將來，而是即將發生的現實。

希望透過本章介紹的五大素養，能夠幫助企業做好更萬全的準備，並與Z、α世代一同成長，在不久的將來攜手合作，共創更理想的未來。

對談 5

AI崛起後，行銷人還有存在的必要嗎？

α世代在學校教育與社會議題的影響之下，培養出後設思考事物的能力。到了二〇三〇年代，當他們成為社會中流砥柱時，行銷人又應如何應對？本次對談，我們邀請到長年在電通股份有限公司從事廣告創意與品牌經營工作的田中信哉先生，一同探討這個議題。

田中信哉

電通股份有限公司第2CR企劃部常務董事。畢業自慶應義塾大學經營管理研究所，取得EMBA（高階企業管理碩士）學位。

過去曾以創意總監的身分，負責大型化妝品公司與汽車品牌的行銷業務。加入電通經營企劃部後，於二〇一七年擔任專精於CX設計的電通Isobar公司董事；二〇二一年起，於電通數位公司擔任創意部門執行董事；二〇二三年四月起，擔任現職。

專長領域涵蓋品牌創立與重塑、事業概念建構。

田中信哉（以下簡稱田中）：前陣子，我曾在某個機緣下，採訪一個專門運用AI推動行銷與品牌經營的團隊。該團隊成員表示，AI生成與創作者提出的方案相比，AI的提案仍有些缺乏「質感」。

由於AI主要是根據過去接收到的數據產生內容，因此與人類的創作相比，它的提案缺乏試錯的過程。這讓我深刻意識到，缺少企業經營者的意志與熱情所經歷的試錯過程，行銷想傳達的內容就可能難以真正傳遞給消費者。不過，對於身為AI原住民的α世代來說，這是否重要或許又是另一回事了。

小々馬敦（以下簡稱小々馬）：現在的ＡＩ已經能夠生成各種影像、文章等創作，人們也逐漸習慣ＡＩ生成的品質。而且，ＡＩ最終可能連人情味都能夠模仿。畢竟，人性的定義其實本就有些模糊，我們平常也只是根據某種感覺、概念，在生活中展現自己的人格特質。因此，當ＡＩ學到人類的行為模式後，它應該也能輕易的模仿。

再加上，現在的大學生經常把「我們對超出預期的商品或服務不抱期待」這句話掛在嘴邊。對他們而言，比起感到驚喜，似乎更在乎不要踩雷這件事。

這背後的原因，或許是因為現在的年輕人，從小成長於一個物超所值的消費環境，他們已經習慣能輕鬆買到高附加價值的商品。所以，與其花較高的價格購買只是「可能」超出預期的產品，他們傾向選擇有一定滿意度且不容易出錯的商品。

隨著ＡＩ相關技術普及，未來幾乎會是人手一支ＡＩ手機，而這樣的手機也將成為消費者的專屬顧問，並熟知每個人的偏好。未來消費者選購商品的第一步，可能不再是親自搜尋資訊，而是直接尋求ＡＩ的建議，再做出購買決策。

因此，**未來企業的第一個行銷對象可能不再是消費者本身，而是消費者的ＡＩ助理。**這種模式或許將成為未來的標準，因為它能夠減少資訊超載所帶來的壓力，並提供更標準化的處理流程。

田中：廣告公司未來的工作，是否也會轉變成研究如何與ＡＩ溝通？

小々馬：確實，行銷人的角色可能會變成善用ＡＩ及各類科技工具，以幫助消費者維持舒適的購物環境。期待身為ＡＩ原住民的 α 世代，能夠積極解決ＡＩ所帶來的風險，創造出更理想的社會及生活環境。

田中：身處資訊爆炸的社會，本來就難以讓人維持良好的情緒。在這樣的時代，如何讓消費者感到自在、保持好心情，是極為重要的課題。能夠做到這點的品牌，才有機會在未來長久發展下去。

小々馬：我認為，在未來的時代裡，行銷人更需要具備的是藝術思維，並以這樣的信念為出發點：就算不確定是否實用，但我想將它創造出來，並交由世界檢驗它真正的價值。

相較之下，設計思維則是從顧客的角度出發，主要目標是解決問題。例如，以回應社會需求為理念來開發產品，最後推出相應的成品，這也是日本企業十分常見的模式。不過，用這種模式製造出的商品，容易讓消費者難以投入使用者情境（User Scenario）[4]。

設計出有讓人自由發揮空間的商品，讓每個人都能以自己的風格使用。這樣的商品不僅容易與更多人產生連結，也有高度的包容性，能提高市場接受度與銷售成績。

但是，我們更常看到行銷人優先考慮銷售量，而失去當初構思產品時的理念與初衷，最終製造出難以傳遞信念、無法令消費者產生共鳴的商品。行銷人應該多嘗試在自己的想法中，導入一些藝術思維的要素。

4 站在使用者立場所設計的情境。

田中：我也認同。現在的消費者，一方面尋求自由度高的商品，另一方面也渴望從產品中感受到創作者的信念。如果企業沒有意識到要串聯品牌理念和消費者的期望，最終只會做出隨處可見、但難以讓人真正喜歡的商品。

小々馬：如果想真正把藝術思維應用於商品開發或行銷，關鍵在於改變製造產品的流程。不能只是在完成成品之後才定義商品價值，而是應該帶著想實現某種理念而設計商品的心態，公開初步的產品原型後，再爭取與理念產生共鳴的人們合作，例如有能力協助產品升級的創意開發者或專業人士，逐步強化商品。這樣的合作與共創流程，才是未來真正需要的開發模式。

田中：在商品正式送到消費者手上之前，我們該怎麼做，才能避免品牌方的理念和初衷在過程中逐漸消失？我認為這是一個值得好好深思的問題。

企業方往往容易將注意力放在市場與消費者的需求變化上，反而很少認真討論該如何設計出屬於自己的品牌理念。

在思考能為市場帶來什麼價值之前，也許我們應該先問問自己：企業想傳達的是什麼？如何將這樣的理念與產品或服務串聯，傳達給消費者？在這個時代，這樣的設計視角其實比我們想像的更重要。

小々馬：除此之外，我也認為，到了二〇三〇年代，行銷人越來越需要具備所謂的後設認知能力。

我一直覺得，過去的行銷人可能太過執著於貼近消費者。雖然這可能只是一種表現方式，但會不會正是因為太過貼近，反而忽略了消費者所處的周遭環境？最後在不知不覺間，追求的目標就變成：怎麼讓消費者願意花錢？怎麼讓他們把時間花在我們身上？久而久之，就容易陷入封閉性的思考模式。

在以金錢為中心的市場經濟機制中，賣出商品換取金錢以產生營收，往往會導致企業與消費者之間淪為奪取金錢與時間的對立關係。但事實上，即使消費者沒有直接花錢，只要他們真心認同企業的理念，並因此產生某種熱情，甚至從中誕生新的想法，如果能透過適當的方式將這些價值或構想變現，經濟市場還是能正常運作。

與其使企業或品牌與消費者對立，不如打造一個能夠容納更多角色參與的開放式創新架構，讓價值不再只是單向交換，更能在社會中不斷循環、向上積累，建立全新的商業價值共創系統。在這樣的架構下，企業創造的價值會先回饋到社會，最後再回流到企業本身，形成所謂的「正和式行銷系統」。

要實現這樣的架構，必須具備俯瞰企業方與消費者整體關係的後設認知能力。行銷人也會逐漸發現，自己的工作不只是賣東西，而是透過人的想法、情感與熱忱，在社會中創造正向的循環。

產生這樣的自覺時，**行銷人就不單只是建立自己的客群，同時也肩負讓這個社會變得更加理想的責任**。也唯有如此，行銷人才會對自己的使命有更深一層的認知，並真正落實到行動上，社會也將因此認同行銷人的存在意義。

田中：也就是說，當品牌太過貼近，消費者就只是購買者；但當品牌適度拉開距離時，消費者則可能成為認同者。購買者是非常短期的概念，唯有認同者，才可能與品牌建立長期關係。

號召認同者，而不是只找購買者

田中：那麼，為了培養這些素養，你覺得行銷人應該從哪些地方開始學習？

小々馬：我自己在帶大學研討班時，最希望學生學會的，是情境倫理與後設認知。因為，技術性的行銷手法會隨著時代不斷演進，這些技能都可以在未來的實務工作中慢慢掌握，不必急著現階段就全部學會。

例如，AIDMA（注意↓興趣↓欲望↓記憶↓行動的購買決策流程）或STP這類的經典行銷概念，我會在課程中搭配當時的時代背景解釋。以前，這些手法或許十分合理，但隨著網路、智慧型手機、社群媒體，甚至AI的快速發展，消費者的生活環境已經變得截然不同。

所以我會鼓勵學生，在學習這些傳統手法和框架後，也要思考：身為新時代的行銷人，如何提出適合這個時代的全新策略？

不過，我認為**對行銷人來說最重要的素養還是情境倫理**。因為，這個世界上沒有唯一的正確答案，所謂的倫理也會因為不同的情境而有所變化。行銷人要設法理解消費者在每一個場景中的感受，也隨時調整自己的思維模式。

為了做到這一點，不能一頭栽進特定的情境中，變得太過主觀，而是要稍微後退幾步，才能夠客觀理解整體的狀況。這除了需要後設認知能力，也必須適時運用情境倫理思維。

另外，我認為從經營者的視角學習也非常重要。

比方說，想掌握企業如何在經濟價值與社會價值之間取得平衡，就要深入了解像永續經營這樣的新思維。從經營者、企業負責人的角度理解行銷的職責與意義，其實也屬於後設認知的一環。

田中：沒錯，我們那個年代的行銷與經營學，說穿了就是教你怎麼把庫存清空，簡單來說就是典型的經營管理。但現在這個時代，像訂閱制這種新型態的商業模式，甚至沒有庫存這個觀念。

在這樣的情況下，行銷人最重要的能力不再只是把東西賣出去，而是能否建立一種長期、可持續的關係。從這個角度來看，懂得如何號召認同者，而不只是單純尋找購買者，將會是新世代最關鍵的行銷素養。

終章

跨越世代藩籬，相互支持

本書多次提及「心動」，最後請讓我再補充一些想法。

「心動」這個詞的語源其實很古老，早在《源氏物語》[1]裡就曾經出現，原意是「正逢其時而深感悸動」。對現在的年輕世代來說，這個詞帶有一種「不願錯過當下的閃耀光芒」的感受。

事實上，想在當下閃耀的心願也存在於昭和時代。前陣子我特地找了一部一九六〇年代的青春電影，回味那個時代的社會氛圍，其中一個場景是二十歲的女主角大喊：「人生只有五十年，有想做的事就要趁現在！」那一幕讓我嚇了一大跳——原來以前的人生只有五十年嗎？

如今到了二〇二〇年代，二十歲年輕人的人生觀可謂大不相同，他們想的是：「想幸福的活到一百歲，那就得從現在起感受幸福！想做的事就要趕快去做！」他們對未來的想像，是從「現在的幸福」出發。所以，**所謂的心動並不只是追求**

1 約莫成書於一〇〇一年至一〇〇八年間的長篇小說，由日本女作家紫式部所作，也是世界上最早的長篇寫實小說。

一時的感受，而是希望把當下的感動、喜悅，延續到未來的幸福人生。

在人生百歲的時代，年輕人不再為了幸福終點而賭上人生。對他們來說，幸福不是追求來的，而是一種選擇。他們會想：既然幸福是一連串心動時刻的總和，那我就按照自己看到（社群媒體）的幸福樣貌，選幾個喜歡的方式模仿，享受我的生活。

Z世代之所以在 Instagram 上像寫日記一樣，用影像拼貼生活中閃閃發光的瞬間，或許就是一種想把今天的幸福感延續到未來的表現。

到了 **α 世代，除了人生百年的時間感，他們也同時擁有虛實交錯、多次元的空間感，將來想做的事可能會變得更多、更廣。**透過虛擬化身穿越時空，或許也會讓他們對「我可以成為任何人」這種自我實現的感受更為強烈。

我也很好奇，所謂的心動，未來將如何繼續進化下去？

「世代」始終存在階級

為了深入了解 α 世代的小學生對未來抱有什麼期待，二〇二三年八月，我帶著學生參加由日本電視臺日視共創實驗室 KODOMO MIRAI lab 所舉辦的汐留夏季學園。

這場活動是以「學習與體驗的主題樂園」為概念的特別企劃，旨在鼓勵孩子們發掘自己喜歡的事物，並持續培養熱情。活動獲得許多認同其理念的企業與機構共襄盛舉，二〇二三年首次舉辦就吸引超過兩萬名小學生與家長到場參加。

我們的研究室與市調公司 INTAGE 共同設立攤位，透過卡牌遊戲讓孩子們體驗行銷調查的樂趣。

在過去有關α世代的研究中，我們曾認為這一代的小學生，應該是更樂於在線上遊戲中操控虛擬角色的族群，對實體的卡牌遊戲興趣可能不大。當天看到大學生與小學生圍坐在桌邊，一起開心的玩卡牌遊戲的畫面，不禁讓人鬆了口氣：「原來小學生的樣子，其實也沒有變那麼多嘛。」

那次活動讓我印象最深刻的，是Z世代與α世代之間的契合度。他們有一個重要的共通點，那就是對現今社會議題具備高度的意識和敏感度。Z世代擁有純粹的社會倫理觀，**α世代則具備扎實的科技素養**，若是能有效結合這兩股力量，相信到了二〇三〇年代，許多懸而未解的社會難題都有可能逐一突破。

未來，AI技術將更加普及，但我們有信心，這群年輕人會以更符合倫理的方式運用技術，以更積極、正面的態度解決，現在網路上充斥假訊息與假廣告等問題。一想像Z世代與α世代一同勾勒、實踐的未來社會，我現在就已經非常期待。

那麼，我們這些前輩世代又該如何應對？

- 誠摯傾聽並尊重年輕世代的聲音。
- 如果有想傳授的事物，切記勿以灌輸的方式指導，盡量提供多元的選擇。
- 尊重他們的選擇，並協助他們一同實踐。
- 將「共創更理想的社會」視為核心目標，超越世代的藩籬，相互支持。

只要具備新時代行銷人應具備的五項素養，我相信，無論世代如何交替，都將能夠順利的與年輕人攜手合作，往共同的目標邁進。

其實，寫到這裡，我也有些需要自我反省的地方。

我發現自己在文中常使用上一代、年長世代等字詞，無意間呈現出某種階級感，這點其實一直讓我耿耿於懷，也曾試著改用前一個世代、後一個世代等說法，但總覺得還是不大對勁，始終找不到更理想的表達方式。

或許，「世代」這個依據年齡劃分的概念，本身就蘊含了某程度的上、下含意。**無論我們多麼努力讓社會朝向不以性別、職業等外在屬性來定義個人的方向前進，唯有年齡似乎還是最難被打破的框架。**

Z世代原本就不喜歡強調上下階級或縱向結構的社群關係，而α世代更是從小就在能夠自由穿梭於虛擬與現實的環境中長大，早已習慣不強調身分背景、不在乎彼此屬性差異的互動模式。我能想像未來由他們主導的新時代，應該會是一個不再刻意區分世代，甚至把世代視作不自然的社會。

所以，比起強調不同世代間的價值觀與行為差異，我們更應該理解這些轉變是如何一點一滴在世代之間流動、進化。我希望能以人的想法與情感為中心，將不同世代連結起來，攜手描繪出更理想的社會藍圖。

讓我們跨越世代，一同期待未來！

結語

不只研究世代，更要洞察未來

感謝你閱讀到最後。

之所以開始撰寫這本書，其實是因為我二〇二二年在《日經 Cross Trend》有幸獲得連載機會，以「Z世代、α世代：我們的真實樣貌」為主題撰寫專欄。

當時，身為新一代消費主力的Z世代正受到行銷界的高度關注，而我們小々馬研究室從二〇一四年起就持續研究Z世代，因此也經常收到來自各家企業的合作邀約。

無論是已經以Z世代為主要對象展開事業的企業，或是仍在摸索未來方向的品牌，都會主動邀請我們參與研究，或是請我們到企業內部的研習活動分享研究成果。

不過，隨著時間邁向二〇三〇年代，我們在長期觀察的過程中也感受到，必須更進一步掌握α世代的生活價值觀與消費行為，於是從二〇二〇年起，我們開始與

INTAGE 公司合作，推動針對α世代的產學研究。

在發表Z世代研究成果時，連帶提到α世代的特徵後，來自企業界的諮詢明顯變多。大家都意識到，在Z世代之後，已經浮現一股全新的行銷趨勢。也正是在這樣的時機，《日經 Cross Trend》主動向我表示：「現在市場上關於Z世代的研究已經相對完整，也許是時候來聊聊α世代。」於是，我便開始整理這幾年的觀察心得。

當然，由於對象主要是小學與國中生，在調查上有相關限制，若要大規模進行定量調查有一定的難度，加上我們的相關研究才執行第三年，還有不少內容停留在假設階段，這一度讓我感到猶豫。

不過，書中安排 INTAGE 公司負責設計分析數據的章節，我相信在這樣的編排下，應該能滿足那些想從量化研究面進一步了解α世代的讀者，也因此下定決心要完成這本書。

有時，我在研討會等場合會被介紹為「年輕人研究家」，但其實**我主要的目標不是為了研究年輕世代，而是為了洞察行銷的未來，年輕世代只是我觀察未來的一個重要切入點**。所以，為了極力避免受到個人的主觀臆測影響，我選擇大量引用Z世代大學生觀察、分析的結果。我所分享的，也大都是他們教會我的，我不過是這些年輕世代表達觀點的代言人罷了。

我們的研究室，始終以「用行銷讓世界更幸福」為共同目標和理念。當自己未來成為行銷人，想打造一個怎麼樣的世界？又希望行銷這門專業能夠進化成什麼模樣？帶著這樣的思維，我們持續推動產學合作的研究計畫，並將成果回饋給活躍於第一線的實務家，希望能成為他們的助力。

撰寫本書的二〇二四年，正好是我們研究室創立十週年。這些年來，無論是畢業生或現役成員，培育的總人數已經超過兩百人。希望能將學生們這十年來傳承、累積的研究成果，整理成對行銷實務有幫助的知識架構，這樣的念頭也正是我執筆本書的重要動力。

關於α世代的研究，接下來將邁入更關鍵的階段。隨著這一代孩子長大，進入國、高中，他們的行為特徵也會逐漸明顯、確立，使我們能夠以更多元的角度觀察。

我們目前的研究仍傾向以具有代表性的極端樣本（但絕非偏重）推估整體的方向，未來則計畫擴大觀察對象的範圍，並逐步驗證各種假設。後續研究成果，也會持續透過研究室網站與《日經 Cross Trend》的專欄跟大家分享，敬請期待。

我們的研究始終歡迎擁有開放視野的合作夥伴，非常盼望能從實務界獲得更多回饋與建議，讓我們的研究成果更加貼近真實世界的需求。如果相關的活動內容對各位的業務有所助益，也請不吝與我們聯繫。

最後，我想向一路上支持本書出版的所有人致上最誠摯的謝意。

感謝長期以來支持我們研究室運作的產業能率大學各位同仁，以及所有參與產學合作研究的企業夥伴們。特別是 INTAGE 集團，為共同調查研究的過程提供相當大的協助。第二章更要特別感謝 INTAGE 消費者研究中心的小林春佳女士，雖然時間緊湊，仍協助完成這一章的稿子，真的非常感謝。

同時，也要感謝提供研究成果發表機會的日本行銷協會、日經廣告研究所、Advertising Week Asia 事務局的同仁們，以及在百忙之中參與本書訪談的諸位專家、學者，感謝各位無私分享寶貴的見解與洞見，對我來說意義格外深遠。

更重要的是，感謝研究室的學生們。這本書，是由你們每個人十年來累積的創意及努力共同孕育的成果，也可以說是研究室充滿自信與驕傲的代表作。

另外，特別感謝日經商業出版社的編輯群給予我這次寫作的機會，以及從我開始關注α世代、陸續發表相關文章以來，一路支持並陪伴我完成本書企劃的日經 Cross Trend 編輯部的河村優女士，衷心感謝您的信任與協助。

滿懷感謝與敬意，謹以這本書，獻給每一位拿起、閱讀它的你。

國家圖書館出版品預行編目（CIP）資料

α世代，這群小朋友決定我們的未來：凡事問AI、追劇不怕劇透、看遊戲不看電視，拍照不露臉……理解他們，就能知道我們的將來。／小々馬敦著；林佑純譯. -- 初版. -- 臺北市；任性出版有限公司，2025.07
336 面；14.8×21 公分（issue；091）
ISBN　978-626-7505-80-9（平裝）

1. CST：消費行為　2. CST：消費心理學
3. CST：行銷策略

496.34　　114004822

issue 091

α世代，這群小朋友決定我們的未來

凡事問 AI、追劇不怕劇透、看遊戲不看電視，拍照不露臉……
理解他們，就能知道我們的將來。

作　　者／小々馬敦
譯　　者／林佑純
責任編輯／張庭嘉
校對編輯／陳映融
副 主 編／連珮祺
副總編輯／顏惠君
總 編 輯／吳依瑋
發 行 人／徐仲秋
會 計 部｜主辦會計／許鳳雪、助理／李秀娟
版 權 部｜經理／郝麗珍、主任／劉宗德
行銷業務部／業務經理／留婉茹、專員／馬絮盈、助理／連玉
　　　　　　行銷企劃／黃于晴、美術設計／林祐豐
行銷、業務與網路書店總監／林裕安
總 經 理／陳絜吾

出 版 者／任性出版有限公司
營運統籌／大是文化有限公司
　　　　　臺北市 100 衡陽路 7 號 8 樓
　　　　　編輯部電話：（02）23757911
　　　　　購書相關資訊請洽：（02）23757911 分機 122
　　　　　24小時讀者服務傳真：（02）23756999
　　　　　讀者服務 E-mail：dscsms28@gmail.com
　　　　　郵政劃撥帳號：19983366　戶名：大是文化有限公司

香港發行／豐達出版發行有限公司 Rich Publishing & Distribution Ltd
　　　　　地址：香港柴灣永泰道 70 號柴灣工業城第 2 期 1805 室
　　　　　Unit 1805, Ph. 2, Chai Wan Ind City, 70 Wing Tai Rd, Chai Wan, Hong Kong
　　　　　電話：21726513　傳真：21724355
　　　　　E-mail：cary@subseasy.com.hk

封面設計／尚宜設計
內頁排版／顏麟驊
印　　刷／韋懋實業有限公司

出版日期／2025 年 7 月初版
定　　價／新臺幣 480 元（缺頁或裝訂錯誤的書，請寄回更換）
I S B N／978-626-7505-80-9
電子書ISBN／9786267505793（PDF）
　　　　　　9786267505786（EPUB）